Πτολεμαίου Πρόχειροι Κανόνες

Les *Tables Faciles* de Ptolémée

PUBLICATIONS DE L'INSTITUT ORIENTALISTE DE LOUVAIN

59a

Anne TIHON

Πτολεμαίου Πρόχειροι Κανόνες

Les *Tables Faciles* de Ptolémée
volume 1a
Tables A1-A2

Cet ouvrage a bénéficié du patronage de l'Union Académique Internationale, dans le cadre du projet *Corpus des Astronomes Byzantins* et du soutien financier de l'Institut des Civilisations, Arts et Lettres de l'Université Catholique de Louvain

UNIVERSITÉ CATHOLIQUE DE LOUVAIN
INSTITUT ORIENTALISTE
LOUVAIN-LA-NEUVE
2011

Couverture: *Vaticanus gr.* 1291, f. 47v (photo Biblioteca Apostolica Vaticana)

Institut Orientaliste de l'Université Catholique de Louvain
Collège Érasme
Place Blaise Pascal, 1
B-1348 Louvain-la-Neuve

Orders should be sent to:
Peeters, Bondgenotenlaan 153, B-3000 Leuven

A catalogue record for this book is available from the Library of Congress.

ISSN 0076-1265
ISBN 978-90-429-2429-1 (Peeters Leuven)
ISBN 978-2-7584-0131-5 (Peeters France)
D/2011/0602/93

Οὐρανίων ἄστρων πορείην καὶ κοιλα (*pro* κύκλα) σελήνης
ἐξεθέμην σελίδεσσι πολύφρονα δάκτυλα κάμπτων

Le parcours des astres célestes et les cycles de la Lune
je les ai exposés en colonnes, courbant mes doigts industrieux

(*Vat. gr.* 1291)

Avant-propos

L'astronome Claude Ptolémée ne doit pas être présenté aux historiens de l'astronomie. Son œuvre majeure, rédigée à Alexandrie aux environs de 125-141 de notre ère, la *Syntaxe Mathématique*, plus connue sous le nom d'*Almageste*, a fait l'objet d'un certain nombre d'études récentes et magistrales, qui seront citées au cours de notre travail. Admirée ou critiquée au cours des siècles comme à l'époque moderne, on pourrait croire que son œuvre n'a plus de secret pour les historiens des sciences. Or, il n'en est rien et, si l'*Almageste* a retenu l'attention de nombreux chercheurs, les œuvres astronomiques dites « mineures » n'ont pas fait l'objet d'études systématiques et approfondies. Ainsi, les *Tables Faciles* ou Πρόχειροι Κανόνες sont souvent citées et utilisées, mais, faute d'édition critique, les études qui y sont consacrées n'ont pu être qu'une première approche de cette œuvre complexe. Celle-ci comprenait un petit manuel et des tables qui devaient l'accompagner. Quel était le but de ces tables ? Lisons le début du traité[1] :

> « L'organisation de ces *Tables Faciles* pour les mouvements des planètes, mon cher Syrus, a été faite par nous conformément à leurs hypothèses moyennes et circulaires, en vue de pouvoir, au moyen des excentriques et des épicycles tracés dans un plan selon les rapports démontrés dans la *Syntaxe*, indiquer leurs mouvements en longitude considérés par rapport au zodiaque en accord avec les résultats obtenus par les calculs, tandis que les écarts en latitude, ne pouvant pas tomber dans de tels tracés, seront calculés méthodiquement au moyen de l'introduction de tables spécifiques. »

Il s'agissait donc de trouver d'abord les longitudes par construction (dessin) en deux dimensions et par calcul; ensuite les latitudes, par calcul seulement. Il est clair que l'aspect « graphique » (γραμμικῶς) était important pour Ptolémée. Dans le traité, il explique sommairement comment trouver les longitudes du Soleil, de la Lune et des cinq planètes (avec des explications séparées

---

[1] Heiberg, *op. min.*, p. 159. Ce texte demanderait plus ample discussion.

pour Mercure) par méthode graphique, selon les modèles décrits dans l'*Almageste*. Il est donc vraisemblable que les simplifications apportées aux *Tables Faciles* par rapport à l'*Almageste* avaient pour but non seulement de faciliter le calcul, mais également le tracé des constructions. En proposant une représentation en deux dimensions des modèles de l'*Almageste*, les *Tables Faciles* font pendant aux *Hypothèses des Planètes*, où Ptolémée veut proposer, cette fois, une représentation tridimensionnelle des mêmes modèles sur base des principes expliqués dans l'*Almageste*. Les *Tables Faciles* ne sont pas seulement une simplification des tables de l'*Almageste*, mais une œuvre complexe qui devra être étudiée dans ses rapports avec les autres traités de Ptolémée.

Le manuel des *Tables Faciles* a été édité par Heiberg, parmi les *opera minora* de Ptolémée, mais les tables ne sont accessibles que dans l'édition, peu fiable, de l'abbé Halma, qui remonte à 1822-1825. C'est sur celles-ci que portera notre édition. L'idée d'entreprendre une édition critique des tables remonte à près de quarante ans... J'avais abordé ces tables en éditant le *Petit Commentaire* de Théon d'Alexandrie (ca 364 p.C.) qui leur est consacré. Dès 1974, le regretté O. Neugebauer me suggérait d'entreprendre l'édition des tables elles-mêmes. Mais ce travail se heurtait à un obstacle de taille : le fait que Ptolémée n'a laissé lui-même aucune explication sur la manière dont il a calculé ses tables. Le seul traité ancien qui aborde cette question, le *Grand Commentaire* de Théon d'Alexandrie, était alors entièrement inédit. L'édition du *Grand Commentaire* était un projet du chanoine A. Rome, professeur à l'Université Catholique de Louvain. Lui-même n'ayant pu venir à bout de ses éditions des commentaires de Théon, ce projet avait été repris par son successeur, l'abbé Joseph Mogenet. Malheureusement, ce dernier fut emporté par la maladie avant d'avoir pu achever le livre I. Il me revenait d'achever l'édition commencée par mon Maître et l'édition du *Grand Commentaire* fut terminée en 1999. Il n'y avait donc plus d'excuses pour retarder encore l'édition des *Tables Faciles* proprement dites. Un autre problème se posait toutefois : si une formation philologique suffit à aborder des traités comme les commentaires de Théon, il en va tout autrement de l'analyse de tables astronomiques, qui demande des compétences bien plus grandes en astronomie, en mathématique et en informatique. J'ai donc demandé à Raymond Mercier de bien vouloir s'associer à cette entreprise. Notre édition n'aurait pu se faire sans son expérience, ses connaissances en matière d'histoire de l'astronomie orientale ou occidentale, ses méthodes pointues d'analyse, son goût immodéré pour la programmation.

J'ai assumé la partie philologique de l'édition, tandis que Raymond Mercier en assurait la partie mathématique. Il nous a paru sage de laisser à chacun la liberté de s'exprimer dans sa propre langue, français et anglais. Le lecteur aura donc en face de lui un ouvrage en quatre langues : le grec, langue de l'original, le latin pour les notations traditionnelles de l'apparat critique, le français pour l'introduction, et l'anglais pour les commentaires.

En terminant cet avant-propos, il m'est agréable de remercier les institutions qui nous ont permis de venir à bout de ce travail : la *Biblioteca Apostolica Vaticana*, la *Biblioteca Medicea Laurenziana* de Florence, la *Bibliotheek der Rijksuniversiteit* de Leyde, la *Biblioteca Marciana* de Venise, où j'ai pu examiner les manuscrits qui sont à la base de cette édition; l'Union Académique Internationale, qui a accepté d'associer le projet d'édition des *Tables Faciles* au projet de *Corpus des Astronomes Byzantins*, de patronner notre entreprise et d'y apporter une aide financière ; l'Institut des Civilisations, Arts et Lettres de l'Université Catholique de Louvain qui nous a octroyé un soutien financier ; l'Institut Orientaliste de l'Université Catholique de Louvain (Louvain-la-Neuve), où les activités scientifiques ont toujours pu se dérouler dans une ambiance particulièrement chaleureuse et stimulante. Je remercie enfin Paolo La Spisa, chercheur à l'Institut Orientaliste, qui a bien voulu écrire une note sur la paléographie du palimpseste arabe du *Vaticanus Syr.* 623.

Anne Tihon
15 juin 2010

INTRODUCTION

L'édition critique d'un texte ancien est une tâche délicate : en règle générale, le texte ne nous est parvenu qu'à travers des manuscrits de plusieurs siècles postérieurs à la rédaction de l'œuvre. Dans le cas de Ptolémée, les plus anciens manuscrits datent du IXᵉ siècle, tandis que l'auteur œuvrait à Alexandrie vers les années 130-140 après Jésus-Christ. À l'exception de quelques papyri conservés des *Tables Faciles*, sept siècles séparent les plus anciens manuscrits de l'auteur lui-même. Les œuvres anciennes se sont transmises différemment selon leur genre, mais beaucoup de textes, en particulier les textes scientifiques ou philosophiques, ont en commun d'avoir été étudiés dans les écoles et d'être passés entre les mains de savants anciens. Éditeurs, professeurs, commentateurs, étudiants, lecteurs érudits ou non[2], tous ont laissé leur empreinte sous des formes diverses : correction ou réécriture du texte, commentaires, scolies, notes marginales, additions ou suppressions de certaines parties ou autres transformations. D'autres phénomènes d'ordre matériel ou historique ont pu également contribuer à déformer le texte comme le passage du *volumen* au *codex*, des réformes orthographiques ou des changements d'écriture, le passage de l'écriture onciale à la minuscule livresque dans le cas des manuscrits grecs. L'éditeur moderne sait qu'il a peu de chances de reproduire exactement un texte ancien tel qu'il est sorti des mains de son auteur.

Le cas des *Tables Faciles* est particulièrement complexe. L'œuvre originale de Ptolémée comportait, semble-t-il, un manuel, simple mode d'emploi, et les tables elles-mêmes. Or, dans la tradition manuscrite, le manuel s'est détaché des tables pour rejoindre le corpus de ses *opera astronomica minora*, – entendons par là toutes les œuvres astronomiques de Ptolémée autres que l'*Almageste* –, tandis que les tables mêmes poursuivaient leur route dans une tradition manuscrite différente, riche d'une quarantaine de manuscrits

---

2 Tihon, *Propos sur l'édition.*

d'époque byzantine ou plus tardive. *Minora*, les *Tables Faciles* ne le sont certainement pas, ni par leur étendue, ni par l'influence qu'elles ont exercée sur l'astronomie médiévale, dans le monde islamique en particulier.

Notre édition portera sur les tables elle-mêmes. Aborder une édition de cette ampleur ne se fait pas sans longue réflexion et études préliminaires. Dans un article publié en 1992[3], j'ai présenté l'état de la tradition manuscrite et proposé une nomenclature des *Tables Faciles*. Dans une publication plus récente[4], les problèmes soulevés par cette œuvre de Ptolémée ont été exposés, ainsi que les principes qui seront suivis dans cette édition. Mais il faut revenir ici sur un certain nombre de questions.

I. *Les éditions*

Lorsqu'on parle des *Tables Faciles*, il faut distinguer

(a) le manuel de Ptolémée;
(b) les tables elles-mêmes.

(a) Le manuel de Ptolémée a fait l'objet d'une édition moderne par J.-L. Heiberg :

> *Claudii Ptolemaei opera quae exstant omnia*, vol. ii : *opera astronomica minora*, ed. J.-L. Heiberg, Leipzig (Teubner), 1907, pp. 157-185.

Les manuscrits utilisés par Heiberg dans son édition sont[5] :

Parisisinus gr. 2390 (XIIIe s.) = A
Laurentianus 28/7 (ca 1344) = 𝔅
Ambrosianus gr. H 57 sup (ca 1358) = ℭ
Vaticanus gr. 1038 (XIIe s. ?) = D
Parisinus gr. 2397 (XVIe s.) = E
Marcianus gr. 314 (XIVe s.) = F
Laurentianus 28/47 (XIVe s.) = G

Le texte grec y est présenté sans traduction. L'édition de Heiberg est précédée d'une présentation des manuscrits[6] avec un

---

3 Tihon, *TF.*
4 Tihon, *Une édition critique.*
5 Heiberg, *op. min.*, pp. X-XI.
6 Heiberg, *op. min.*, pp. X-XI et pp. CLXXV-CLXXIX.

stemma codicum[7]. Comme pour les autres *opera minora* de Ptolémée, la transmission manuscrite de ce manuel est une tradition « morte », ce qui veut dire que le texte a été recopié sans remaniement important, avec principalement des accidents de type « négatif », à savoir des corruptions accidentelles, sans intervention systématique des copistes. Un examen du texte montre qu'il est assez corrompu. Nous y reviendrons ultérieurement dans le dernier volume de notre édition.

Au début du XIXe siècle, l'abbé Nicolas Halma avait également donné une édition du texte grec du manuel de Ptolémée, avec traduction française :

> Nicolas B. Halma, Θέωνος ἀλεξανδρέως ὑπόμνημα, *Commentaire de Théon d'Alexandrie sur le livre III de l'Almageste. Tables manuelles des mouvemens des astres. Traduites pour la première fois du grec en français sur les manuscrits de la bibliothèque du Roi*, 3 parties, Paris, 1822-1825.

L'édition se trouve dans la première partie (1822), pp. 1-26. Halma a utilisé le *Parisinus. gr.* 2397 et le *Parisinus gr.* 1642 : tous deux contiennent des annotations de sa main[8] et sont cités en note de son édition[9]. Halma connaissait le *Parisinus gr.* 2390 qu'il mentionne dans ses notes manuscrites, mais il ne semble pas l'avoir utilisé. Les manuscrits dont disposait Halma ne sont pas les meilleurs et son texte est peu fiable. La traduction française est souvent inexacte. Une nouvelle traduction sera proposée à la fin de notre édition[10].

b) Les tables

Dans la préface de son édition, Heiberg présente une liste des tables et un examen d'un certain nombre de manuscrits qui les contiennent, mais il ne donne aucune édition de celles-ci[11]. Les tables ne sont disponibles que dans l'ancienne édition, déjà citée,

---

7 Heiberg, *op. min.*, p. CLXXIII (voir p. CLXXVI).

8 *Paris. gr.* 2397, ff. 19r-v, 20r-v, 25, 27, 30, 32, 43r-v, 44r-v et *Paris. gr.* 1642, ff. 251v, 252r-v, 253, 254. Voir Tihon, *Calcul de l'éclipse*, p. 44, note 47.

9 Halma, I, p. 1 et p. 8.

10 Une nouvelle édition, ou du moins un apparat critique plus complet que celui de Heiberg, sera sans doute nécessaire. Sans une compréhension complète des tables, il n'est pas possible de faire une traduction correcte, car un certain nombre de passages demeurent obscurs.

11 Heiberg, *op. min.*, pp. CXC-CCIII.

de l'abbé Halma. Malgré ses mérites et les services qu'elle a rendus, cette édition, faite dans l'esprit de l'époque, n'est pas du tout scientifique: Halma passe d'un manuscrit à l'autre, commet de nombreuses erreurs et ne respecte pas toujours la présentation extérieure des tables.

Une thèse, restée inédite, de W. D. Stahlman, reprend et analyse les tables du *Vat. gr.* 1291, en y ajoutant les variantes numériques de deux autres manuscrits, les *Paris. gr.* 2399 et *Paris. gr.* 2493. Il ne s'agit pas d'une édition des tables, car celles-ci y sont transcrites en chiffres modernes, avec quelques corrections d'éditeur :

> W. D. Stahlman, *The Astronomical Tables of Codex Vaticanus graecus 1291*, dissertation doctorale inédite, Brown University, 1960.

Il n'existe donc aucune édition critique des *Tables Faciles.* La présente édition a pour but de combler cette lacune.

II. *Nomenclature des tables*

Comme il arrive souvent dans le cas de tables astronomiques, autour des tables originales se sont greffées toutes sortes de tables, figures, diagrammes de provenance diverse. Avant d'effectuer le tri entre tables d'origine et tables parasites, il fallait mettre au point une nomenclature claire et efficace, permettant de décrire le matériel rencontré dans les manuscrits. Dans une étude précédente, déjà mentionnée, j'ai proposé de classer les tables selon les catégories suivantes :

A = tables astronomiques
B = tables spéciales pour le climat de Byzance
C = tables chronologiques
G = tables géographiques
S = tables supplémentaires.

Les tables A

Les tables A sont les tables purement astronomiques, y compris les tables d'ascensions. Comme nous le verrons ci-dessous, celles-ci étaient certainement les tables conçues par Ptolémée. En voici la liste (la numérotation utilisée suit l'ordre du *Leidensis* BPG 78)[12] :

---

[12] Une liste plus détaillée est donnée en annexe I, pp. 61-65.

A1 : Ascensions de la sphère droite
A2 : Ascensions obliques pour les sept climats (Méroé, Soéné, Basse Égypte, Rhodes, Hellespont, Milieu du Pont, Borysthène)
A3 : Mouvements moyens du Soleil et de la Lune (périodes de 25 ans, années simples, mois égyptiens, jours, heures à partir de midi)
A4 : Anomalie du Soleil et de la Lune
A5 : Obliquité du Soleil et latitude de la Lune
A6 : Table préliminaire
A7 : Table de correction
A8 : Éclipses de Soleil (plus grande distance, plus petite distance)
A9 : Grandeurs (des éclipses)
A10 : Prosneuses
A11 : Éclipses de Lune (plus grande distance, plus petite distance)
A12 : Diagramme des horizons
A13 : Parallaxes pour les sept climats
A14 : Mouvements moyens des cinq planètes (périodes de 25 ans, années simples, mois égyptiens, jours, heures à partir de midi)
A15 : Anomalie des cinq planètes
A16 : Latitude des cinq planètes
A17 : Stations des cinq planètes
A18 : Phases des cinq planètes
A19 : Distances des phases par rapport au Soleil
A20 : Catalogue des étoiles fixes

Les tables B

Les tables B sont des tables spécifiques pour le climat de Byzance. Ces tables ne sont évidemment pas ptoléméennes. Il s'agit des tables d'ascensions (B1 ≈ A2), des parallaxes (B2 ≈ A13), des phases des planètes (B3 ≈ A18) et du diagramme des horizons (B4 ≈ A12). On peut raisonnablement supposer que ces tables ont été faites par Stéphane d'Alexandrie (ca 610-617) qui, dans son *Commentaire aux Tables Faciles*, explique qu'il a construit des tables pour le climat de Byzance, intermédiaires entre le cinquième et le sixième climat[13].

[13] Le commentaire de Stéphane est inédit, sauf quelques chapitres édités dans Usener, *De Stephano*. L'édition critique de ce traité (ch. 1-12) a fait l'objet d'une thèse de doctorat par Jean Lempire. Cette thèse a été défendue à l'Université Catholique de Louvain (Louvain-la-Neuve) le 15 mars 2010. Nous avons utilisé ce travail, en attendant sa publication dans le *Corpus des Astronomes Byzantins*.

Le chapitre édité par Usener[14] mentionne explicitement les tables B1, B2 et B3 :

> « Afin que nous ne calculions pas chaque fois (les valeurs) du cinquième et du sixième climat et ne prenions pas la moitié de celles-ci, puisque Byzance se trouve entre le cinquième et le sixième climat, nous avons exposé les temps d'ascensions qui correspondent pour Byzance à chaque degré du zodiaque et encore les temps horaires et les parallaxes de la Lune et les phases des cinq planètes et nous les avons disposés de manière appropriée entre le cinquième et sixième climat. »

Les tables C

Les tables C sont les tables chronologiques, et tout d'abord la liste de règnes comptés soit depuis Nabonassar (747 a.C.), soit depuis Philippe, le successeur d'Alexandre (324/3 a.C.). Elles donnent les noms des souverains, la durée de leur règne et la somme des années comptées depuis Nabonassar, et, reprenant à zéro, depuis Philippe. Les années sont évidemment des années égyptiennes et ces listes sont destinées à l'utilisation des tables astronomiques. Elles ont été prolongées diversement pendant l'époque byzantine ce qui permet parfois de dater le manuscrit (c'est le cas de H, F, v) ou de repérer la date de son modèle, ou encore de voir à quelle(s) époque(s) les tables ont été utilisées. Cette table des règnes est la seule table chronologique explicitement mentionnée par Ptolémée[15]. À celle-ci s'ajoutent dans les manuscrits d'autres listes chronologiques comme les listes de consuls, ou des concordances de calendriers. Beaucoup de ces tables ont été publiées. On trouve également des tables de bissextes, d'épactes, des tables pour trouver le jour de la semaine, etc. La liste de ces tables est également donnée en annexe.

---

14 Usener, *De Stephano*, p. 310. D'après l'édition de J. Lempire, il apparaît que Stéphane utilise pour Byzance le 6e climat, sans interpolation, dans les chapitres consacrés aux conversions d'heures, à l'horoscope et à la culmination. Les tables spéciales pour Byzance ne sont mentionnées qu'à partir du chapitre sur les syzygies. Le traité de Stéphane étant fort long, l'édition de Jean Lempire ne va pas plus loin que le chapitre consacré aux syzygies. Les chapitres restants (éclipses de Lune et de Soleil, planètes) seront édités ultérieurement.

15 Heiberg, *op. min.*, p. 160, 8-9. Les tables de H et de F sont éditées par Usener, *Chronica Minora* III, pp. 447- 449 (H); 450-453 (H); 454-455 (F).

Les tables G

Les tables G sont les tables géographiques, avec principalement la liste des *Villes Illustres* (πόλεις ἐπίσημοι). Ces tables sont mentionnées par Ptolémée. Les tables de v et de H ont été éditées par E. Honigmann[16].

Les tables S

Les tables S sont des tables ou diagrammes en tout genre, qui se sont greffées à diverses époques : c'est une catégorie commode pour absorber le matériel non identifié et hétéroclite qui gravite autour des tables signalées dans les autres catégories. Ces tables sont également répertoriées en fin de chapitre. On trouvera une description sommaire de ces tables dans notre étude, déjà citée, sur les *Tables Faciles*[17].

III. *Tables originales*

La question cruciale qui se pose à présent est de savoir lesquelles sont les tables d'origine, établies par Ptolémée. Le critère que nous avons suivi, comme d'autres avant nous[18], est le suivant : seules les tables explicitement mentionnées dans le mode d'emploi de Ptolémée sont considérées comme authentiques. Ce principe ne va pas sans poser problème, car le texte de Ptolémée est parfois ambigu, et il n'est pas certain que le découpage des tables tel qu'il apparaît dans les manuscrits reflète bien celui de Ptolémée. Ces questions devront donc être soulevées à propos de chaque table en particulier.

Nous considérons comme *Tables Faciles* de Ptolémée :

- les tables A1-A20
- la table C1
- la table G1

---

[16] Honigmann, *Die sieben Klimata*, pp. 209-224 (H) et pp. 194-208 (v).

[17] Tihon, *TF*, pp. 79-84.

[18] Voir Heiberg, *op. min.*, pp. CXC-CXCI; van der Waerden, *HT.*, p. 55; Neugebauer, *HAMA*, II, p. 972. A ce sujet, voir Tihon, *TF*, pp. 52-54.

Le tableau suivant donne les passages du traité où les tables sont mentionnées :

A1	ascensions droites	Heiberg, 159, 16-17
A2	ascensions obliques	Heiberg, 160, 2-6
A3	mouvements moyens Soleil et Lune	Heiberg, 160, 9-10
A4	anomalie Soleil et Lune	Heiberg, 165, 11-12
A5	obliquité du Soleil latitude de la Lune	Heiberg, 171, 2 (Soleil) et 171, 13-15 (Lune)
A6	table préliminaire	Heiberg, 176, 17
A7	table de correction	Heiberg, 175, 23-24
A8	éclipses de Soleil	Heiberg, 182, 23-24
A9	grandeurs des éclipses	Heiberg, 185, 9-10
A10	prosneuses	Heiberg, 179, 20-21
A11	éclipses de Lune	Heiberg, 177, 23-24
A12	diagramme des horizons	Heiberg, 176, 6-7
A13	parallaxes	Heiberg, 174, 15 ss
A14	mouvements moyens des cinq planètes	Heiberg, 160, 11-14
A15	anomalie des cinq planètes	Heiberg, 169, 15-20
A16	latitude des cinq planètes	Heiberg, 171, 23 ss
A17	stations des cinq planètes	Heiberg, 173, 13-15
A18	phases des cinq planètes	Heiberg, 174, 2 ss
A19	distances des phases par rapport au Soleil	Heiberg, 174, 9-14
A20	étoiles fixes	Heiberg, 160, 14-17
G1	liste des Villes Illustres	Heiberg, 159, 14
C1	liste des règnes	Heiberg, 160, 8-9

Ceci ne veut pas dire que les tables mentionnées, telles qu'elles figurent dans les manuscrits, reproduisent exactement la présentation qui avait été imaginée par Ptolémée. Au contraire, on peut penser que Ptolémée avait conçu les *Tables Faciles* pour une présentation dans un *volumen* de papyrus[19]. Celle-ci permettait, comme semble le suggérer le texte[20], d'aligner en une seule table

[19] C'est le cas, par exemple, du P.Oxy. 4167 (ed. Jones, *Papyri*, pp. 118-129).
[20] Tihon, *TF*, p. 53 et p. 71. Cfr infra, p. 14.

les mouvements moyens du Soleil, de la Lune, du Cœur du Lion et des cinq planètes (soit A3, A14), puisqu'un rouleau de papyrus permet d'aligner à la suite autant de colonnes que l'on veut. Mais la présentation en *codex* des manuscrits impose un découpage différent, l'espace disponible sur une page étant plus limité.

L'ordre des tables n'est pas exactement le même dans tous les manuscrits et ne correspond pas à l'organisation du traité de Ptolémée, où les tables sont présentées comme ceci (pp. 159-160) :

> « Les premières tables contiennent les positions en longitude et en latitude des Villes Illustres de notre terre habitée (G1); celles qui les suivent, les ascensions simultanées de l'écliptique et de l'équateur pour la sphère droite (A1), les soixantièmes d'une heure équinoxiale étant disposés pour chaque degré de l'écliptique, (soixantièmes) dont différeront les nychthémères moyens depuis l'origine jusqu'à ce temps-là, par rapport aux nychthémères apparents; et encore, pour ces sept parallèles qui sont dans l'intervalle de la terre habitée, sont inscrits, pour chaque degré de l'écliptique, les temps horaires de ce jour (A2), afin de pouvoir convertir les différences de temps de la manière qui sera démontrée par la suite. Les tables qui viennent après les tables dites et, en plus de celles-ci, la table préliminaire de la chronographie des rois à partir de l'origine (C1), contiennent les mouvements moyens du Soleil et de la Lune (A3), et encore celui de l'étoile fixe du Cœur du Lion et ceux des cinq planètes (A14)[21], pour les périodes de 25 ans, années, mois, jours et heures. Sont rattachées à celles-ci (les tables) qui contiennent les distances des étoiles fixes autour du zodiaque même, jusqu'à dix degrés de latitude et jusqu'à la quatrième grandeur, que l'on observe toujours par rapport à l'étoile du Cœur du Lion (A20). Les tables qui suivent celles-là concernent les déterminations par le calcul des mouvements en longitude de chacune des planètes (A15)[22]. »

---

21 Comme on l'a signalé plus haut, il semble bien que les tables des mouvements moyens, Soleil, Lune, Cœur du Lion, planètes étaient réunies en une seule table. Dans les manuscrits, les tables du Soleil et de la Lune sont réunies en une seule table (A3), les planètes sont à part, la colonne « Cœur du Lion » (Regulus) venant immédiatement après les arguments, avant les mouvements moyens de chaque planète (A14).

22 Ceci semble se référer, à première vue, aux tables d'anomalie des planètes. Le texte ne mentionne que les planètes et ne dit pas où se trouvent les anomalies du Soleil et de la Lune. Le texte grec a : ... τὰς κατὰ μῆκος παρόδων ἑκάστου τῶν πλανωμένων διακρίσεις (p. 160, 18-19), mais je me demande s'il ne s'agirait pas plutôt des tables de latitude (il faudrait alors corriger κατὰ μῆκος en κατὰ πλάτος), qui sont annoncées au début du traité (p. 159, 11).

Cette énumération n'est évidemment pas complète, car seules les tables importantes sont mentionnées ici. Les autres tables seront évoquées lorsqu'elles interviendront dans le calcul expliqué. Dans le traité de Ptolémée, les problèmes sont abordés selon la séquence suivante :

(1) longitude du Soleil; (2) conversion du temps; (3) horoscope; (4) point culminant; (5) longitude du Soleil par méthode graphique; (6) longitude de la Lune par méthode graphique; (7) longitude de la Lune par calcul; (8) étoiles fixes; (9) longitude des cinq planètes par méthode graphique; (10) longitude des cinq planètes par calcul; (11) obliquité du Soleil; (12) latitude de la Lune; (13) latitude des cinq planètes; (14) stations des planètes; (15) phases des planètes; (16) parallaxes de la Lune; (17) syzygies; (18) éclipses lunaires; (19) prosneuses des éclipses lunaires; (20) éclipses solaires; (21) prosneuses des éclipses solaires.

On peut voir que Ptolémée, après les problèmes qui mettent en jeu les tables d'ascensions (2-4), a regroupé toutes les questions concernant les longitudes (5-10), ensuite les latitudes (11-13), et enfin les autres problèmes (16-21). Cette organisation confirme l'impression qu'il s'agissait bien d'un *volumen* de tables, où toutes les tables de longitude d'une part, de latitude d'autre part pouvaient être regroupées ensemble. Une fois le *volumen* déroulé au bon endroit, l'utilisateur pouvait calculer en une fois les mouvements moyens du Soleil, de la Lune et des planètes sans devoir chercher ailleurs dans son rouleau[23].

Une telle présentation n'était pas possible dans un codex, et les manuscrits ont en général adopté un découpage différent[24] : après les tables d'ascensions droites et obliques, on trouve tout ce qui concerne le Soleil et la Lune; ensuite, tout ce qui concerne les planètes; à la fin, les étoiles fixes. Voici, en effet, l'ordre dans lequel les tables A apparaissent dans les quatre manuscrits en onciales

---

[23] Un codex est évidemment beaucoup plus facile à manipuler qu'un *volumen*, qui pouvait être très lourd. Pline nous raconte la mésaventure d'un ancien consul qui, au moment de lire un discours, fit une mauvaise chute en essayant de ramasser son *volumen*, qui s'était déroulé sous son propre poids (Lettres II, 1, 5 : cité par B. Legras, *Lire en Égypte*, p. 155).

[24] Ce qui avait conduit Heiberg à écrire : *Collectionem tabularum, quae hunc ordinem ipsum praeberet, in nullo codice inveni, neque genuinos* Κανόνας προχείρους *Ptolemaei hodie exstare credo* (*op. min.*, p. CXCI).

(H, F, M, v) qui seront présentés plus loin[25]. Le tableau ne tient pas compte des tables B, C, G et S qui s'intercalent entre les tables A. Malgré les perturbations qui se sont produites dans M en raison d'erreurs de reliure, on voit que les manuscrits présentent les tables d'une façon relativement homogène : A1-A5, puis A6-A12 (avec des variations), et enfin A13-A20.

H	**v**	**F**	**M**
A1	A1	A1	
A2	A2	A2	
A3	A3	A3	
A4	A4	A4	A4
A5	A5	A5	A5
	A12		
A6 + A7	A6	A6 + A7	A6
	A10	A10	A10
	A7		A7
			A11
A8	A9	A9	A8
A9	A8	A8	A9
A10			
A11	A11	A11	
A12		A12	
A13	A13	A13	A13
A14	A14	A14	
A15	A15	A15	A15
A16	A16	A16	A16
A17	A17	A17	A17
A18	A18	A18	A18
A19	A19	A19	A19
A20	A20	A20	A20

[25] Dans les manuscrits F, H et v, l'ordre des cahiers qui contiennent les tables semble bien être l'ordre d'origine.

H	v	F	M
			A15 (partie)
			A14 (partie)
			A15 (partie)
			A13 (partie)
			A14 (partie)
			A17
			A3
			A20

La présentation adoptée par nos manuscrits n'était pas la seule existante. Nous savons, par des scolies de la fin du Ve siècle de notre ère, que les tables des mouvements moyens du Soleil et de la Lune de même que les tables de leur anomalie pouvaient exister en deux tables séparées, alors que les manuscrits les ont toujours réunies en une seule table (A3 et A4). Ainsi dans le *Paris. gr.* 2394, p. 808, les mots du *Petit Commentai*re de Théon :

> ...εἰσάγοντες εἰς τὸ ἐπιγράφον κανόνιον ἀνωμαλίας σελήνης[26] ...
>
> « ... reportant dans la table intitulée anomalie de la Lune ... »

sont commentés en marge :

> ὡς κατὰ διαφόρους κανόνας· ἔχουσι γάρ τινες κανὼν ἀνωμαλίας ἡλίου καὶ σελήνης.
>
> « ... selon les différentes tables; en effet, certaines ont 'table d'anomalie du Soleil et de la Lune' »

Quant aux tables adventices que nous avons relevées dans les manuscrits H, F, M, v, leur présence s'explique avant tout pour des raisons pratiques. Ainsi, les utilisateurs byzantins pouvaient utiliser directement des tables B adaptées pour le climat de Byzance. Certaines tables reflètent l'administration byzantine des VIe et VIIe siècles : les concordances de calendriers (hémérologues) ou les listes de consuls. Ces tables, d'ailleurs, tendront à disparaître dans les manuscrits du XIIIe et XIVe siècles, où de telles listes n'avaient

[26] Théon, *PC*, p. 223, ligne 2; également p. 208, ligne 9.

plus aucune utilité. D'autres tables, comme la table S13[27], apparaissent comme des survivances d'un autre type d'astronomie, qui existait parallèlement à celle de Ptolémée. Devenues incompréhensibles, elles disparaîtront de la plupart des manuscrits postérieurs.

IV. *Titre des tables*

Ces tables sont d'habitude désignées comme Πρόχειροι κανόνες que nous traduisons, avec le chanoine Rome, par *Tables Faciles*[28]. Le mot πρόχειρος signifie en effet « qui est sous la main », « aisé », « facile », « prêt à l'emploi ». L'ancienne traduction française de Halma, *Tables Manuelles,* a le charme de l'archaïsme, mais ne rend pas la signification du terme grec. Dans l'édition de Heiberg, le traité a pour titre Προχείρων κανόνων διάταξις καὶ ψηφοφορία, mais il n'est pas certain que ce soit le titre original. La première phrase du texte où figure le nom des tables est une correction de Heiberg :

> Ἡ μὲν σύστασις, ὦ Σύρε, τῆς εἰς τὰς παρόδους τῶν πλανωμένων προχείρου κανονοποιίας[29] γέγονεν ἡμῖν …

L'appellation πρόχειροι κανόνες semble cependant bien établie; elle est couramment utilisée par Théon :

> Ἡ μὲν λογικωτέρα ἔφοδος τῆς διὰ τῶν προχείρων κανόνων ψηφοφορίας … (*PC*, p. 199, 2)
>
> Τὴν λογικὴν ἔφοδος τῆς τῶν προχείρων κανόνων πραγματείας … (*GC*, 93, 4)

---

27 Tihon, *Vitesse lunaire.*

28 Rome, II, p. LXXX, note 6; III, p. CXXII. Le chanoine Rome avait, semble-t-il, quelque scrupule à proposer la traduction « Tables Faciles », mais il n'était pas le premier à donner cette interprétation. van der Hagen, *Observationes*, p. 30, écrit ceci : *De προχείροις κανόσι, seu de expeditis Tabulis. Πρόχειροι κανόνες : per se nomen commune est, et omnibus Tabulis, cujuscunque argumenti, dari potest, si modo expeditam et facilem viam ac methodum suppeditent, ad aliquid inveniendum.* L'anglais permet une traduction plus fidèle *Handy Tables*, de même que l'allemand *Handlichen Tafeln.*

29 Heiberg, *op. min.*, p. 159, 2. Les manuscrits les plus fiables ont : ... τῆς εἰς τὰς παρόδους τῶν πλανωμένων προχείρου κανόνος ὁ πᾶς γέγονεν ... (*Laurentianus* 28/12, *Parisinus gr*. 2390 = A). La correction de Heiberg est paléographiquement acceptable, mais κανονοποιίας, « confection de tables » fait double emploi avec σύστασις.

et, avant lui, par un commentateur anonyme (ca 213 p. C.), par exemple :

... περὶ δὲ τῶν ἐκ τῶν προχείρων κανόνων λεγέσθω ...[30].

Paul d'Alexandrie (ca 378) les mentionne dans son Εἰσαγωγή[31] :

Τὴν δ' ἀκριβείαν τούτων ὁ Πρόχειρος Κανὼν Κλαυδίου Πτολεμαίου παραστήσει (p. 33, ll. 11-12)

ὁ Πρόχειρος δὲ Κανὼν Κλαυδίου Πτολεμαίου παραστήσει τὴν ἀκριβῆ μοῖραν τοῦ Ἡλίου (p. 79, ll. 10-11)

tandis que son commentateur Olympiodore (ca 564) les appelle simplement κανών[32].

À notre connaissance, ces tables n'ont jamais été désignées sous une autre appellation.

Curieusement, les plus anciens manuscrits des *Tables Faciles* n'ont ni titre, ni nom d'auteur pour l'ensemble des tables. Toutefois l'attribution à Ptolémée est indiquée par l'épigramme qui figure dans H à la fin de la table A20[33] :

Ἐπίγραμμα ὃ εἶπεν Πτολεμαῖος εἰς ἑαυτόν·
οἶδ' ὅτι θνητὸς ἐγὼ καὶ ἐφήμερος, ἀλλ' ὅταν ἄστρων
μαστεύω πυκινὰς ἀμφιδρόμους ἕλικας
οὐκέτι ἐπιψαύω γαίης πόσιν ἀλλὰ παρ' αὐτῷ
Ζηνὶ θεοτροφέος πίμπλαμαι ἀμβροσίης

Épigramme que Ptolémée prononça à propos de lui-même :
« Je sais que je suis mortel et éphémère, mais lorsque, des astres
je recherche les spirales serrées à la course circulaire,
je ne goûte plus une boisson terrestre, mais, auprès de Zeus lui-même,
je me remplis d'ambroisie qui nourrit les dieux. »

Dans les manuscrits, les titres des tables individuelles ont souvent des variantes et ne correspondent pas toujours à l'appellation qui leur est donnée dans le traité de Ptolémée. Les titres des colonnes comportent en général des abréviations ou des symboles, ce qui pose parfois des problèmes d'interprétation. Ces questions seront examinées cas par cas.

---

30 Jones, *First Commentator*, p. 32 *et passim*.

31 Ed. Boer, *Paulus Alexandrinus*.

32 Ed. Boer, *Heliodori ut dicitur*, pp. 24, l. 12; 39, l. 2; 95, l. 2; 116, 2.

33 Le texte qui suit est un peu différent de celui édité par Heiberg, *Alm*. I, 1, p. 4, app. Les variantes sont signalées par Heiberg, *op. min*., pp. CXLVII-CXLVIII.

V. *Les manuscrits en onciale des IXe/Xe siècles*

Les *Tables Faciles* ont été conservées dans quarante-cinq manuscrits, dont nous reprenons la liste ici[34]. Cette liste, encore provisoire, répartit les manuscrits en trois groupes :

- les plus anciens manuscrits en écriture onciale;
- les manuscrits où les tables sont associées au *Petit Commentaire* de Théon;
- les autres manuscrits.

Commençons par décrire les manuscrits en onciale, soit

F = *Laurentianus* 28/26
H = *Leidensis* BPG 78
M = *Marcianus gr.* 331
v = *Vaticanus gr.* 1291
Palimpseste : *Vaticanus syr.* 623 (fragments)

F = *Laurentianus gr.* 28/26

a) *Description matérielle*

Manuscrit sur parchemin, III + 134 folios (ff. 132-134 : papier), 230 x 175 mm, 27-30 lignes par page. Composé de deux parties d'époques différentes :

1) ff. 1-33v; 51-54v.
Cette partie est due à un copiste principal du XIVe siècle, avec quelques interventions d'autres mains du XIVe siècle (f. 1r-v; f. 31v-32; f. 33v). Des notes ajoutées par une autre main (f. 31v, *mg int* et f. 33v) portent la date de 1313/1314, ce qui indique que la copie de cette partie est antérieure à cette année. Selon D. Bianconi, le copiste principal se rattache au « style Métochite » et ce manuscrit aurait donc été complété au monastère de Chora[35].

---

[34] Voir Tihon, *TF*. Il faut ajouter à la liste donnée dans cet article le *Vat. gr.* 198, qui contient les *Tables Faciles* mélangées au *Petit Commentaire* de Théon : voir Tihon, *PC*, pp. 146-147.

[35] Bianconi, *Eracle e Iolao*, p. 543, note 87. Je remercie D. Bianconi qui m'a fait part de cette information. Ce volume était déjà sous presse lorsqu'est paru l'article de D. Bianconi, *Il Laur. Plut. 28.26*.

2) ff. 34v-128 : IXe/Xe siècle, en écriture onciale.
Les tables y sont présentées de manière raffinée et somptueuse : les encadrements ont été tracés au moyen de doubles lignes rouges très fines, et l'espace intérieur a été doré ensuite. Les titres sont tracés d'une écriture particulièrement décorative : les lettres sont finement dessinées à l'encre rouge, également rehaussées d'or. Les chiffres sont écrits en onciale, avec une grande régularité, selon un module qui peut s'inscrire dans un carré d'environ 2 mm.

Les ff. 128v-129v ont été remplis par plusieurs mains du XIVe et du XVe s.[36]

Composition du codex (pour la partie en onciale, ff. 34-128) :

ff. 34-38 : trinion moins 1 folio (1 f. coupé après le f. 38);
ff. 39-44 : trinion, numéroté α (effacé) dans le coin supérieur droit;
ff. 45-50 : trinion (numéroté β dans le coin supérieur du f. 45);
ff. 51-54 : binion ajouté après coup (écriture du XIVe s.);
les ff. 55-126 sont faits de neuf quaternions numérotés de δ à ι<β> au début de chaque cahier; ff. 127-128 : deux feuillets (f. 127 : ιγ).

La numérotation suggère que le cahier formé par les folios 34-38 ne se trouve pas à sa place d'origine, mais, le parchemin étant abîmé, il n'est pas possible de retrouver la numérotation de ce cahier.

b) *Contenu*

f. 1r : A 14, périodes de 25 ans, pour les années 1501-1726 de Philippe (1147-1402).
f. 1v (m XIVe s) : A3 pour les mêmes années.
ff. 2r-31v (m XIVe s) : *Petit Commentaire* de Théon.

À la fin, des notes chronologiques ont été ajoutées par le copiste et par plusieurs autres mains. En marge intérieure, note pour l'année 6822 (= 1313/1314) (cfr f. 33v) :
Ση. ὅτι κατὰ τὸ ,ϛωκβ ἔτος ἀπὸ κτίσεως κόσμου ὃ νῦν ἐνίσταται, συνάγεται τετϱαετηϱίδων ἀϱιθμὸς τλδ[37].

---

[36] D. Bianconi, *Il Laur. Plut. 28.26,* a identifié la main de Cyriaque d'Ancône au f. 129.

[37] L'année 6822 correspond à 1313/1314. On compte effectivement à cette date 334 bissextes (1314 + 24 = 1338; 1338 : 4 = 334, reste 2).

f. 32r (m XIVᵉ s) : S16.
f. 32v (m XIVᵉ s) : S17.
f. 33r-v (m XIVᵉ s) : notes donnant les positions pour les tables de latitude des planètes au départ des *Tables Faciles*, et ensuite pour la latitude de la Lune. Au f. 33v note d'une autre main pour l'année 6822 (= 1313/1314) (cfr f. 31v) :

> Συμπληρουμένης τῆς ιβ Nος τοῦ ,ϛωκβ ἔτους παρῆλθον ἀπὸ μὲν ἀρχῆς τοῦ πρώτου ἔτους Φιλίππου τοῦ Ἀριδαίου βασιλείας ἔτη ῥωμαϊκὰ ,αχλη, ἀπὸ δὲ τῆς ἀρχῆς τῆς τοῦ Αὐγούστου βασιλείας ,ατμγ, ἀπὸ δὲ τῆς ἀρχῆς τοῦ Διοκλητιανοῦ ,αλ.

Viennent ensuite les tables astronomiques en écriture onciale :

f. 34v : B4.
ff. 35r-36v : B1.

Au bas du f. 35, deux notes ajoutées par deux mains postérieures portent les dates de 1085 et 1287[38].
Les tables B1 sont de même style que les tables A, mais l'écriture est plus serrée et le format de la table plus petit que les tables A2 correspondantes (B1 : 12 x 8,2 cm; A2 : 15,4 x 11,2 cm). La forme du zéro y est différente[39].

f. 37r-v : B2.
f. 38r-v : B3.

D'après la numérotation des cahiers (voir ci-dessus), il semble que le cahier contenant les tables B a été ajouté ou déplacé après coup.

f. 39r-v : C1.

La table des règnes donne les noms des souverains avec leurs années de règne (col. 2) et les totaux additionnés depuis Philippe Arrhidée (324/3 a.C.) (col. 3).
Cette table a été prolongée par plusieurs mains; elle a été éditée par Usener[40]. Nous nous contenterons de montrer schématiquement les différentes mains dans le tableau qui suit. La première colonne donne les noms des souverains; la deuxième, les années de règne; la troisième, la somme des années depuis Philippe (i e 324/3 a.C.) :

---

38 Voir apparat, p. 186.
39 Cfr ci-dessous, p. 58.
40 Usener, *Chronica Minora* III, pp. 454-455; également p. 365.

f. 39v, partie gauche :

années des rois	années	somme
…	…	…
Basile I	19	1210
Léon VI (886-912)	*25*	**1235**
Alexandre (912-913)	*1*	**1236**
…	…	**…**
Basile II (976-1025)	*52*	**1385**

main 1
main 2
main 3
main 4
MAIN 5

f. 39v, partie droite :

années des rois	années	somme
Romain Argyre	*5*	**1390**
…	…	**…**
Michel le Calfat (1041-1042)	*5 mois*	**1398, 5 mois**
Constantin Monomaque (1042-1055).	**12[41], 7 mois**	**1411**
Théodora (1055-1056)	**7 mois**	**1411, 7 mois**
…	**…**	**…**
Nicéphore Botaniate (1078-1081)	**3**	**1432, 2 mois**
Alexis Comnène (1081-1118)	***37, 4 mois***	
Jean Comnène (1118-1143)	***24, 8 mois***	
…	**…**	
Michel VIII Paléologue (1258-1282)	**24**	
…		
Jean VIII Paléologue (1425-1448)		
CONSTANTIN PALÉOLOGUE (1449-1453)[42]		

[41] USENER, *ibidem*, attribue le chiffre ιβ à la main 2, mais au vu du manuscrit, je pense qu'il s'agit de la main 3.

[42] Selon D. BIANCONI, *Il Laur. Plut. 28.26*, la main 5 est celle de Cyriaque d'Ancône.

ff. 40r-43r : C2. Fastes consulaires de 138 p. C. à 372 p. C. Édités par Usener[43].
f. 43v : S1.
f. 44r : C8.
f. 44v : vide.
ff. 45r-50v : C6. Éditée par Kubitschek[44].
ff. 51r-54v : G1. Même main que le *Petit Commentaire* de Théon, XIVe s.
ff. 55r-56v : A1.
ff. 57r-70v : A2.
ff. 71r-73v : A3.
ff. 74r-76v : A4.
f. 77r : A5.
f. 77v : A6 et A7 réunies en une seule table, et A10.
f. 78r : S13.
f. 78v : S5.
f. 79r : S9.
f. 79v : S8.
f. 80r : A9 et S4.
f. 80v : A8.
f. 81r : A11.
f. 81v : S3.
f. 82r : S10.
f. 82v : S11.
f. 83r : A12.
ff. 83v-90 : A13.
ff. 90v-96 : A14.
ff. 96v-111 : A15.
ff. 111v-116 : A16.
ff. 116v-118v : A17.
ff. 119r-122r : A18.
ff. 122v-123 : S14.
f. 123v : A19.
ff. 124v-127 : A20.
ff. 127v-128 : S12.
f. 128v : texte anonyme :

Ἑρμηνεία τοῦ ἐξαναλόγου. Εἰσάγεις τὸν καταχθέντα ...[45]

---

[43] Sous le nom de *Fasti Theonis Alexandrini, ibidem*, pp. 375-381.
[44] Kubitschek, *Kalenderbücher*, pp. 1-25.
[45] *PC*, p. 361 (texte 22).

f. 129r (m XIVe s ?) : C1 (de Nabonassar à Alexandre).
f. 129v : texte anonyme :

Ὅταν προαιρώμεθα ἀκριβῶς διὰ τοῦ γνώμονος ...[46]

c) *Datation et histoire*

La table des règnes (f. 39r-v) montre que la partie en onciale a été copiée sous le règne de Léon VI le Sage (886-912). On notera que la liste des consuls s'arrête en 372, soit à l'époque de Théon d'Alexandrie. Diverses étapes byzantines sont montrées par les prolongements de la table des règnes (f. 39r-v). Au début du XIVe siècle (avant 1314), le *Petit Commentaire* a été ajouté aux tables en onciales, et celles-ci ont été complétées (ff. 51-54v), probablement au *scriptorium* de Chora[47]. Ce manuscrit a été la propriéte de Cyriaque d'Ancône comme le montrent les notes de sa main identifiées par D. Bianconi. Le manuscrit est ensuite passé dans la bibliothèque des Médicis[48].

d) *Bibliographie*

Bandini, II, pp. 46-52; Bianconi, *Eracle e Iolao*, p. 543, note 87; *Il Laur. Plut. 28.26*; Fryde, p. 41; Kubitschek, *Kalenderbücher*, p. 58; Lefort-Cochez, p. 76 (reproduction du f. 39v) et 77 (reproduction du f. 40); Schnabel, p. 222; Tihon, *PC*, pp. 139-141; Ead., *TF.*, pp. 64-66 et planche III (reproduction du f. 77); Usener, *Chronica Minora* III, pp. 364-365; Vitelli e Paoli, fasc. 1, pl. XIII (f. 39v et 40); fasc. 4, 1ère partie, pl. XXV et XXXI (f. 40v et 124v-125).

H = *Leidensis* BPG 78

a) *Description matérielle.*

Manuscrit composite, parchemin, 163 folios de 190 x 145 mm environ, comprenant des parties de différentes époques :

1) IXe s. : ff. 1v-2; 52r-152v : écriture onciale (partie la plus ancienne du codex);

---

[46] *PC*, p. 366 (texte 72)

[47] D. Bianconi, *Il. Laur. Plut. 28.2.*

[48] Fryde, p. 41, identifie le *Laurentianus* 28/26 avec le n° 262 de l'inventaire de Fabio Vigili compilé entre 1508 et 1506 (*Barberinianus lat.* 3185, f. 306), mais cette identification est contestée par D. Bianconi, *op. cit.*

2) IXe-Xe s. : ff. 2v, 156r-161v, un copiste, 26/30 lignes par page;
3) XIIe s. (?) : ff. 162r-163r. Il s'agit d'un folio de 252 x 188 mm environ, inégalement plié en deux dans le sens de la longueur. Le texte se lit de f. 163v à 162r, et de 163r à 162v en faisant pivoter le livre de 90°.
4) XIIIe s. ou début du XIVe s. : divers folios ajoutés après coup (ff. 71, 79, 87, 92, 96, 101, 108-120, 124, 129-130, 135, 147, 153-155);
5) XIIIe-XIVe s. : ff. 1, 3r-51v. Trois copistes : a) ff. 3r-10v; b) ff. 11r-49r; c) ff. 49v-51r. Les parties a et b sont transcrites à raison de 17/20 lignes par page.
6) XIVe s. : f. 53v.

La composition des cahiers est relevée dans le catalogue de De Meyier[49]. Il est probable que le codex primitif ne comportait que les tables en écriture onciale (partie 1). A la fin du XIIIe siècle et au début du XIVe, on y a ajouté le *Petit Commentaire* de Théon (partie 5), et on a tenté de restaurer les tables en ajoutant de nouveaux folios avec les tables manquantes (partie 4) et en repassant à l'encre certaines tables effacées. Des ajouts disparates y ont été effectués et le codex a été composé, dans son état actuel, à la fin du XIIIe siècle ou au début du XIVe siècle. Les cahiers ont alors été numérotés au milieu du bas de la page en fonction de la composition actuelle du codex. Certains folios ont été effacés par l'humidité, et sont illisibles même aux ultra-violets.

b) *Contenu*

f. 1 : notes sur des éclipses de Lune.

Ces notes sont très difficiles à lire, car le parchemin est fortement noirci et les notes sont gribouillées les unes sur les autres. Voici ce que nous avons pu lire :

a) μηνὶ μαίῳ θ ἔτους ,ςψϛδ Ν ιδ ἅμα τῶν ... /τὸν ἥλιον ἐγένετο ἔκλειψις τῆς σελήνης· βορεία καὶ ὀφείλει (?) .../ ἑνὸς καὶ ἡμίσεος δακτύλου ἐν τῷ κλίματι Κωνσταντινουπόλεως (Constantinople, 9 mai 1286);
b) μηνὶ αὐγούστῳ κβ μεσονυκτίου ἔτους ,ςψϛη Ν τρίτης/ ἐγένετο ἔκλειψις σελήνης ἐν τῷ κλίματι Σμύρνης (Smyrne, 22 août 1290);

49 de Meyier, p. 166.

c) μηνὶ ἰουλίῳ ἡμέρᾳ λα μετὰ τὴν πρώτην ...ρι ωρ/ τῆς νυκτὸς τῆς τοιαύτης ἡμέρας ἔτους ,ςω /Ν ε^ης ἐγένετο ἔκλειψις σελήνης ἐν τῷ κλίματι Κωνσταν/τινουπόλεως (Constantinople, 31 juillet 1292);

d) δεκεβρίου ιθ μετὰ τρεῖς ὥρας τῆς νυκτὸς/ ἥλιος ὁμαλῶς ἐπεῖχε ...

e) ἀναγκαῖον εἰδέναι ὅτι οἱ πρόχειροι κανόνες ἀπὸ .../ λογον (?) ... ει καὶ κατὰ τὸ ,ερσ (?) ἔτος εἰς ... /ἐν τῷ παρ' ἡμῶν ἐν τ (?) εξομενον .../... τὴν αἰτίαν.

f) κατὰ τὴν ιδ τοῦ ἰαννουαρίου μηνὸς τῆς ιε Ν τοῦ ,σωι ἔτους ἐγένετο ἔκλειψις σελήνης (14 janvier 1302)[50];

g) εἰδέναι δεῖ καὶ τοῦτο ὅτι οἱ κανόνες τῆς μεγίστης Συντάξεως ἀπὸ τοῦ ,δ ἔτους/ τοῦ κόσμου ἄρχονται εἰ καὶ κατὰ τὸ ,δψμς ἔτος καὶ η ... ἔτος (?)

f. 1v : C3.
f. 2r : C4.
f. 2v : horoscopes : l'horoscope du monde et de différentes villes (Constantinople, Antioche, Alexandrie, Gaza, Césarée, Neapolis)[51].
ff. 3r-49r : le *Petit Commentaire* de Théon.
ff. 49v-50v : texte anonyme : Ἀναγκαῖον εἰδέναι ὅτι ἡ ἰσημερινὴ ὥρα ...[52].
ff. 50v- 51v : tables ajoutées par une main postérieure, soit

f. 50v : S16.
f. 51r : C10 et C11.
f. 51v : S17.

ff. 52r-53r : C5.

Au f. 52r, scolie en écriture minuscule du IXe siècle : Σύντομος ἑρμηνεία τοῦ προκειμένου κα(νόνος). *Inc.* Εἰ ζητεῖς ἐπιγνῶναι ... ἀπὸ τοῦ ,ςτμθ (= 840/841).

f. 53v (main postérieure) : S18.

La liste des étoiles a été calculée pour l'année 6854 (= 1345/6) selon les Perses, 715[53].

f. 54r : C1, liste des rois de Nabonassar à Alexandre

ff. 54v-55r : C1 (suite), de Philippe à Phocas. Éditée par Usener[54].

---

[50] Usener, *Ad historiam astronomiae symbola,* p. 355, note 62.
[51] Pingree, *Horoscope,* p. 305.
[52] Tihon, *PC,* p. 359, texte 1.
[53] Kunitzsch, *Das Fixsternverzeichnis,* pp. 406 ss.
[54] Usener, *Chronica Minora* III, pp. 447-449; voir également van der Hagen, pp. 335-340.

Les additions des années de règnes recommencent à partir de Philippe. Les trois derniers règnes (Tibère et Constantin, Maurice et Phocas) sont ajoutés en dehors du cadre, de la même main, et leurs années de règne sont indiquées de la même main, comme on le voit ci-dessous (bas du f. 55) :

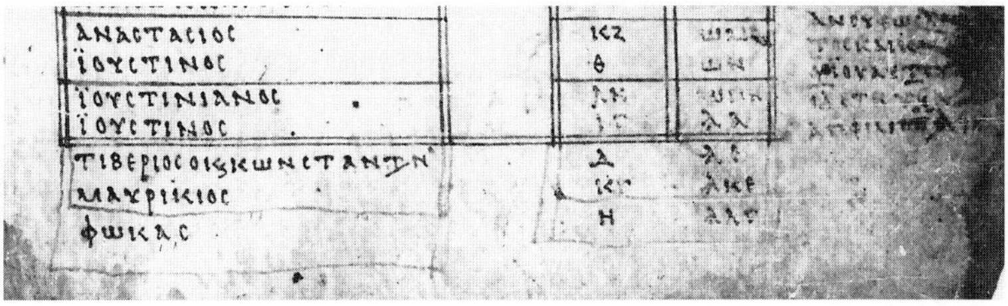

Planche I. (*Leidensis BPG* 78, f. 55, détail)

Ceci peut s'expliquer de deux manières : soit le copiste n'a pas voulu commencer une nouvelle page pour trois noms seulement, et les a ajoutés maladroitement au bas de la table; soit le copiste a reproduit ce qu'il a trouvé dans son modèle : une table s'arrêtant à Justin II (565-578) complétée sous le règne d'Héraclius (610-641)[55]. Notes marginales en onciale et également d'une écriture plus récente.

ff. 55v-63v : C2, liste des consuls de 222 à 630.

Éditée par Usener[56]. Usener a édité les notes marginales, parmi lesquelles on relève les dates de 615/6 (f. 55v)[57], d'autres de 797/8 (f. 63v) et 783/4 (f. 63v)[58].

f. 64r : deuxième table C1, de Nabonassar à Alexandre.

ff. 64v-65v : C1 (suite), de Philippe à Michel et son fils (811- 813), avec années de règne.

La table a été prolongée par une deuxième main allant de Léon V (813-820) à Constantin VII Porphyrogénète et sa mère (920 ss), sans années de règne; une troisième main a ajouté

[55] Dans plusieurs autres tables, des noms sont également ajoutés en dessous du cadre (table G1, ff. 67-70v), ce qui tendrait à montrer que le copiste ne savait pas formater ses tables correctement!

[56] Sous le nom de *Fasti Heracleani*, *ibidem*, pp. 392-410; VAN DER HAGEN, pp. 341-345.

[57] *Ibidem*, p. 392.

[58] *Ibidem*, p. 410.

Romanos I (920-944) et Constantin, Stéphanos et Constantin, fils de Romain, sans années de règne. Ces deux dernières lignes sont aujourd'hui effacées.

Au f. 65v, notes marginales de 788, 780[59]. Cette table a été éditée par Usener[60]. En marge inférieure, scolie en écriture onciale concernant les mouvements du Soleil et de la Lune.

ff. 66r-70v : G1. Éditée par Honigmann[61].

f. 71r (main postérieure) : début d'une table de latitude de la Lune.

f. 71v (main postérieure) : S17.

ff. 72r-73v : suite de G1.

f. 74r : cadre vide.

f. 74v : S1.

Au bas du folio, scolie d'une main postérieure.

ff. 75r-76v : A1.

f. 75r-v : scolies d'une main postérieure, XIIIe/XIVe s.

ff. 77r-90v (ff. 79r-v, 87r-v : main postérieure) : A2.

ff. 77r-78r : scolies d'une main postérieure, XIIIe/XIVe s.; f. 89r, *mg int*, scolie récente, mutilée.

Au f. 86v, une scolie en écriture onciale[62] (qui semble différente de l'écriture des tables) explique que les tables d'ascensions pour Byzance (B1) se trouvent après la table des Villes Illustres (G1) et avant la table de la sphère droite (A1).

Si cette scolie se réfère à la disposition originelle du manuscrit, les tables B1 devaient se trouver après le f. 73v qui termine un quaternion (numéroté ι' d'une main récente); le f. 74 commence le cahier suivant (numéroté ια' d'une main récente), et la table A1 commence au f. 75r. La table d'origine pour le climat de Byzance (B1) a disparu et a été ajoutée au XIIIe/XIVe s. aux ff. 153, 154.

ff. 91r-93v (f. 91v : effacé; f. 92r-v : main postérieure) : A3.

À noter que les mouvements horaires du Soleil sont divisés en deux tables : à partir de midi (1-12h) et à partir de minuit (13-24h).

---

59 Ces notes sont aujourd'hui illisibles. En plus des scolies anciennes éditées par Usener, une note a été ajoutée par une main postérieure : ὁμοῦ ἅπαντα ἐπὶ τῶν βασιλαί(ων)(?) ,αχξβ.

60 *Ibidem*, pp. 450-453.

61 Honigmann, *Die sieben Klimata*, pp. 209-224.

62 Voir apparat critique, p. 172.

ff. 94r-96v (f. 96r-v : main postérieure) : A4.
f. 94r : scolies en onciale et d'une main récente; f. 94v : scolie en onciale.
f. 97r : A5.
f. 97v : S2; A6 et A7 en une seule table.
Scolie d'une main récente, effacée.
f. 98r : A8 et S8.
Scolie d'une main récente, effacée.
f. 98v : S3.
En marge inférieure : scolie en onciale; en marge extérieure : scolie d'une main récente, effacée.
f. 99r : A9 et S4.
En marge inférieure : scolie en onciale; en marge extérieure : scolie d'une main récente, effacée.
f. 99v : A10.
Scolie d'une main récente, effacée.
f. 100r : A11.
Scolies en onciale et d'une main récente.
f. 100v : A12.
Scolie d'une main récente, effacée (suite de f. 99v).
ff. 101r-107v (f. 101r-v : main postérieure) : A13.
f. 101r-v : scolie de la même main postérieure.
ff. 108r-112v (main postérieure) : A14.
ff. 113r-114r (main postérieure) : figure et extrait du *Grand Commentaire* de Théon[63].
f. 114v (main postérieure): A14 (années 1701-1776 de Philippe) et paramètres pour les planètes.
ff. 115r-129v (ff. 115-120v,124r-v, 129r-v : main postérieure) : A15.
ff. 130r-134v (f. 130r-v : main postérieure) : A16.
ff. 135r-137r (f. 135r-v : main postérieure) : A17.
ff. 137v-140v : A18.
ff.137v-138r : scolies en onciale.
f. 141r : S14.
f. 141v : A19.
ff. 142r-145r : A20.
À la fin, f. 145r, en écriture onciale, l'épigramme : Ἐπίγραμμα ὃ εἶπεν Πτολεμαῖος εἰς ἑαυτόν. Οἶδ' ὅτι θνητὸς ... κτλ[64].

---

[63] Mogenet-Tihon, *GC*, pp. 3-4.
[64] Voir ci-dessus, p. 18.

ff. 145v-150v (f. 147r-v : main postérieure) : C6.
f. 151r-v : C7.
f. 152r : C6 (suite).
f. 152v : C7 (suite). Éditée par Kubitschek[65].
f. 153r (main postérieure) : B1.
f. 153v : cadre vide.
ff. 154r-155r (main postérieure) : B1 (suite).
f. 155v : texte d'une main postérieure :

Inc. Πρῶτον εὑρὲ τὰς εἰκοσαπενταετηρίδας οὕτως· λαβὼν τὰ ἀπὸ κτίσεως κόσμου ἔτη ... avec exemple daté du 7 avril 6912 (= 1404).

La page a été barrée.

ff. 156r-161v : fragment du *Petit Commentaire* de Théon, d'une écriture du IXe ou Xe siècle. Scolies en onciales et en minuscule (main récente).

Notes d'une main postérieure (XIIIe s.) :

f. 161r, note sur une éclipse de Lune, le 19 mai 1258 :

† ἐν ἔτει ,ςψξς Ν α' μηνὶ μαίῳ ιθ ἐγένετο ἔκλειψις σελήνης ὥστε μηδ' ὅτι οὖν μέρος αὐτῆς φαίνεσθαι.

Au bas du folio, les noms des 12 heures en écriture onciale.

f. 161v : le tableau de calcul du ch. 20 du *Petit Commentaire,* en dessous duquel est écrite une note sur une éclipse de Lune le 21 septembre 1298 :

† μηνὶ σεπτεβρίῳ κα ἡμέρᾳ κυριακῇ ἔτους ,ςωζ ... ιβ αὐτίκα μετὰ τὸ δῦναι τὸν ἥλιον ἤρξατο ἐκλείπειν ἡ σελήνη ἀπὸ βορρᾶ καὶ ἐξέλιπεν ὅλη.

† κατὰ τὸ Βυζάντιον ἐπεῖχεν δὲ τότε ... ὁ μὲν ♂ μέσως μὲν τοῦ ♎ μοι ... ὡς ἀκριβ ...♍ μοι κθ λα' ... ἡ ☾ με ... μὲν τοῦ μοι (*non legi potest).*

ff. 162r-163v, folio adventice (voir ci-dessus, a), contenant un texte religieux.
f. 162r (*mg*), une main postérieure a ajouté une note datée de 1480.

c) *Datation et histoire*

La table des règnes des ff. 64v-65v permet de dater la partie en écriture onciale de ce manuscrit du règne de Léon V l'Arménien

[65] Kubitschek, *Kalenderbücher*, pp. 3-25 et 39-40.

(813-820) puisque les années de règnes s'arrêtent pour la première main en 813. Pour le reste, on remarque des éléments qui remontent au VIIe siècle, sous le règne d'Héraclius (610-641) : la table des rois qui s'arrête à Phocas (années de règne incluses) (f. 55); la liste des consuls qui s'arrête en 630 (f. 63v); des notes marginales de 615/6 (f. 55v). D'autres notes montrent des étapes ultérieures en 788, 780 (f. 65v), antérieures à la copie des tables en onciales (partie 1). Une étape de peu postérieure à la copie de la partie en onciale est montrée par une scolie de 840/841 (f. 52). Au Xe siècle une autre étape est donnée par les prolongations de la table des règnes sous Romain I Lecapène (920-944). Comme on l'a vu plus haut, ce manuscrit a été restauré à la fin du XIIIe s. et au début du XIVe s., époque où l'on a ajouté, aux tables en onciales, le *Petit Commentaire* de Théon; les tables ont été complétées et restaurées à la même époque. L'étude du *Petit Commentaire* de Théon a montré que ce manuscrit a été souvent utilisé par les Byzantins et que le texte de Théon y a subi de nombreuses corrections.

Ce manuscrit a été ramené de Constantinople par Jacques Golius (1596-1667) lors d'un voyage qu'il fit en Orient entre 1625 et 1629. Celui-ci le donna à la bibliothèque de Leyde.

d) *Bibliographie*

CCAG, XI, 2, pp. 177-179; de Meyier, pp. 166-167; Geel, p. 21; Kubitschek, *Kalenderbücher*, p. 59; Schnabel, p. 222; Tihon, *PC*, pp. 105-106; Tihon, *TF*, pp. 58-61; Usener, *Chronica Minora* III, p. 363; van der Hagen, *Observationes*, pp. 305-318.

M = *Marcianus gr.* 331 (= 552)

a) *Description matérielle*

Manuscrit sur parchemin de 49 folios de 165 x 120 mm (les ff. 1, 44-49 sont mutilés de 2 cm environ du côté inférieur). Les tables sont en écriture onciale très fine, les encadrements sont tracés à l'encre rouge, les lettres des titres sont finement dessinées en rouge et remplies de peinture d'or. Malheureusement tous les folios ont été sévèrement rognés ce qui a considérablement abîmé ce manuscrit. Celui-ci est incomplet et des erreurs de reliure ont mélangé les tables.

Composition du codex :
f. 1 : isolé
ff. 2-9 : quaternion
ff. 10-16 : quaternion moins 1 folio (restes d'un folio coupé entre ff. 12 et 13)
ff. 17-22 : trinion
ff. 23-27 : trinion moins 1 folio
ff. 28-35 : quaternion
ff. 36-43 : quaternion
ff. 44-49 : quaternion moins 2 folios (restes apparents entre ff. 43 et 44 et entre ff. 44 et 45).
Les numéros des cahiers ont sans doute disparu dans la rognure des folios.
D'après la suite des tables, on peut penser que le codex original devait se présenter comme ceci : <cahiers perdus>; ff. 45-47; ff. 2-9; ff. 36-43; ff. 28-35; ff. 23-27; ff. 10-16; f. 44 + ff. 17-22; ff. 48-49.

b) *Contenu*

Ce manuscrit ne contient que les tables astronomiques dont voici la liste. On trouvera plus de détail sur les tables dans l'annexe II, pp. 67ss.
f. 1r-v : G1 (incomplète).
f. 2r-v : A4.
f. 3r : A5.
    À noter la numérotation des colonnes : 1, 2 = argument; 3 = obliquité du Soleil; 3 = latitude de la Lune.
f. 3v : A6, A10 et A7 en trois tables distinctes
    (comme dans v, au contraire de F et H).
f. 4r : A11.
f. 4v : A8 et A9.
f. 5r : S3.
f. 5v : S8.
f. 6r : A12.
ff. 6v-9v : A13 (seulement jusqu'au 4e climat, 1ère partie).
    Au f. 9v, scolie d'une main postérieure (cfr infra, f. 36).
f. 10r : une partie de la table A15 (Vénus).
ff. 10v-15 : A16.
ff. 15v-16v : A17 (Saturne, Jupiter, Mars).
ff. 17r-20r : A18;
    (au bas du folio 20 : mots arabes non identifiés)

f. 20v : S14.
f. 21r : A19.
ff. 21v-22v : A20.
ff. 23r-27v : A15 (Mars, Vénus, Mercure);
ff. 28r-29r : A 14 (jours : Mars, Vénus, Mercure; heures, pour les 5 planètes).
ff. 29v-35v : A15 (Saturne, Jupiter, Mars).
ff. 36r-39r : A13 (suite du f. 9v) : du 4e climat (suite) au 7e climat.
    En marge des ff. 36-37, longue scolie d'une main postérieure (sans doute du XIVe siècle) sur la col. 4 de la table des parallaxes. Il s'agit peut-être d'un extrait du *Grand Commentaire* de Théon, mais les marges ont été tellement rognées qu'il est impossible de lire la scolie.
ff. 39v-43v : A14 (jusqu'aux jours, pour Saturne et Jupiter : suite aux ff. 28-29).
ff. 44r-v : A17 (Vénus et Mercure).
ff. 45r-47v : A3.
    En marge du f. 47v, morceau de scolie rognée, d'une main postérieure.
ff. 48r-49v : A20 (suite du f. 22v).

c) *Datation et histoire*

Les tables chronologiques manquent, de sorte qu'il faut recourir aux descendants présumés du *Marc. gr.* 331 pour préciser sa datation. Parmi ceux-ci, le *Vat. gr.* 175[66] dont les tables chronologiques vont jusqu'à Léon VI (886-912) sans années de règne. On en déduit que le *Marc. gr.* 331 a dû être copié sous le règne de Léon VI, mais cette datation devra être confirmée par l'étude des manuscrits postérieurs. Le manuscrit n'a pas de note de possession, mais pourrait provenir de la bibliothèque du Cardinal Bessarion (numéro 254 de l'inventaire de 1468 ?)[67]. Au f. 20, quelques mots arabes laisseraient supposer que ce manuscrit est parvenu en Occident après la chute de Constantinople.

d) *Bibliographie*

Mioni, pp. 59-60; Schnabel, p. 223; Tihon, *TF*, pp. 66-68; Zanetti-Bongiovanni, p. 151.

---

66 Tihon, *PC*, pp. 23-24; Schnabel, p. 223.
67 Labowski, p. 167; Mioni, p. 59.

v = *Vaticanus gr.* 1291

a) *Description matérielle*

Manuscrit sur parchemin, ff. I (papier) + 95, 283 x 205 mm environ. Manuscrit somptueux, contenant de nombreuses enluminures. Plusieurs copistes se sont relayés pour la copie des tables, écrites en majuscule de type ogival[68]. La composition du manuscrit est donnée dans l'étude récente de Timothy Janz, qui conclut que les ff. 5-94 faisaient partie du codex primitif, avec les cahiers dans leur ordre actuel. La datation, basée sur la table des rois du f. 17, est difficile à établir, car la fin de cette table a fait l'objet de plusieurs ratures et de remaniements, ainsi que de prolongations délicates à analyser. Plusieurs datations ont été proposées[69]. L'étude de Timothy Janz conclut de façon convaincante que le manuscrit doit avoir été copié peu après le règne de Nicéphore Ier (802-811)[70].

b) *Contenu*

ff. 1r-2r : scolies astronomiques en écriture minuscule.
D'après J. Mogenet qui a édité ces textes, l'écriture serait de la fin du IXe siècle ou du début du Xe siècle; l'un des textes (texte 9) pourrait dater de 830 p. C.[71]

f. 2v : miniature représentant l'hémisphère nord du ciel et du zodiaque (du Bélier à la Vierge).
Le fond est bleu foncé, les dessins en grisaille, exécutés à l'encre blanche et noire, les cercles et les lignes sont dorés.

f. 3r : B4.

f. 3v : d'une main postérieure, les *ὅρια* selon Ptolémée.

f. 4r : vide.
Seulement quelques symboles ou chiffres au sommet du folio.

---

68 Voir à ce sujet l'analyse de T. Janz, *Vat.gr. 1291.*

69 P. de Nohlac pensait que ce manuscrit avait été copié sous le règne de Léon V (813-820; Spatharakis optait pour le règne de Théophile (829-842); Wright a proposé de le situer juste après le règne de Constantin V (740-775). J'avais moi-même adopté, comme Spatharakis, la datation sous le règne de Théophile.

70 Janz, *Vat.gr. 1291*, p. 169.

71 Mogenet, *Vat. gr. 1291.*

f. 4v : miniature représentant l'hémisphère sud du ciel et du zodiaque, dans la même technique qu'au f. 2v.

Au sommet du folio, note de possession de Domenico Dominici, évêque de Brescia datée de 1465 (voir ci-dessous, *c*).

ff. 5r-6v : B1.

Au bas du f. 5 armoiries surmontées d'une mitre (sans doute celles de Domenico Domenici, évêque de Brescia). Selon l'analyse de T. Janz, le codex primitif commence ici.

ff. 7r-v : B2.

f. 8r : B3. Notes en latin au bas du folio.

f. 8v : vide

f. 9r : S15.

Cette célèbre miniature, souvent reproduite, représente le char du Soleil traîné par quatre chevaux blancs, entouré de bandes concentriques où sont représentés, de l'extérieur vers l'intérieur : (a) les douze signes du zodiaque, (b) les douze mois et (c) les heures. Entre les anneaux (a) et (b) sont inscrites les dates d'entrée du Soleil dans les signes du zodiaque et entre (b) et (c), les heures de ces entrées. Les heures de nuit sont de couleur foncée. La date pour laquelle ces données ont été calculées reste discutée[72].

f. 9v : S1.

ff. 10r-15v : C6.

f. 16r : vide.

ff. 16v-17 : C1.

Table des règnes de Nabonassar à Alexandre, puis de Philippe à Léon et Alexandre (886-912). La table donne d'abord les années de règne (et parfois les mois et les jours), puis le total depuis la mort d'Alexandre (323 a. C.). Il y a eu plusieurs remaniements ou prolongements de la table :

1) f. 17r, col. int., ll 23-28

Entre Justin I (518-527) et Héraclius (610-641), les totaux des années de règne ont été ajoutés par une autre main pour les empereurs Justinien, Tibère, Maurice et Phocas, soit[73] :

---

[72] Tihon, *L'astronomie à Byzance à l'époque iconoclaste*, pp. 194-201; van der Waerden, *Eine Byzantinische Sonnentafel*.

[73] Peut-être faut-il rapprocher ceci de la table du *Leidensis* BPG 78 (f. 55) où les noms de Tibère, Maurice et Phocas sont ajoutés en dehors du cadre de la table. Les deux manuscrits auraient-ils utilisé une table complète s'arrêtant à Justinien

ΙΟΥΣΤΙΝΟΣ ΕΤΗ Κ(αι) ΙΟΥΣΤ^{ς}	Μ^{Η} Δ	
ΙΟΥΣΤΙΝΙΑΝΟΣ	ΛΗ	***ΠΗ***
ΤΙΒΕΡΙΟΣ	ΙΖ	***ϠΕ***
ΜΑΥΡΙΚΙΟΣ	Κ	***ϠΚΕ***
ΦΩΚΑΣ	Η	***ϠΛΓ***
ΗΡΑΚΛΕΙΟΣ	ΛΑ	*Ϡ*ΞΔ

En marge du nom d'Héraclius, quatre points en losange (croix ?)
2) f. 17r, col. ext, ll. 9ss.

Cette partie a fait l'objet de ratures et de prolongements, et les avis des spécialistes divergent en ce qui concerne les différentes mains. L'étude de Timothy Janz donne une édition et une analyse complète de la table, de même qu'une reproduction du f. 17. Il conclut que la table d'origine allait jusqu'au nom de Nicéphore Ier (802-811), voire jusqu'aux deux noms suivants, Staurakios et Michel I (811-813), ce qui ne représente pas une grande différence dans la datation du manuscrit.

À hauteur du nom de Michel I Rhangabé (811-813), en marge extérieure, se trouve une note en écriture minuscule, dont la lecture est malheureusement fort incertaine[74] :

> ἀπ(ὸ) Ἡρακλ(είου) ἕως ζ´ ἐπ(ινημέσεως) ἔτ(η) φλ ἤγ(ουν) τοῦ τέλ(ους) τῆς
>
> « depuis Héraclius jusqu'à la 7e indiction, 530 ans, soit la fin de … » (rognure du folio)

et en face de Léon et Constantin (Léon V, 813-820) :

> ἀπ(ὸ) ἀρχ(ῆς) ἰνδ(ικτιῶνος) ζ
>
> « depuis le commencement de la 7e indiction ».

La 7e indiction correspond bien au début du règne de Léon V (813 + 5509 = 6322 et 6322 : 15 = 421, reste 7), mais les 530 années de la première note restent inexpliquées[75]. En effet, 813 – 530 =

ou à son successeur Justin II (dont le nom manque dans le *Vat. gr.* 1291) ? Ils auraient ensuite continué la liste à l'aide d'une table commençant à Héraclius, mais la transition entre Justinien et Héraclius aurait fait l'objet d'hésitations.

[74] Voir Janz, *Vat.gr. 1291*, pp. 170-171.

[75] Dans Tihon, *TF*, p. 63, j'ai proposé d'interpréter <.> (lettre incertaine) φ λ comme Θεοφιλου, mais actuellement je pense que cette lecture n'est pas vraisemblable, car la note se rapporte visiblement aux empereurs en face desquelles elle est écrite. Voir à ce sujet Janz, *Vat.gr. 1291*, p. 170.

283, soit l'ère de Dioclétien et non le règne d'Héraclius. La note est peut-être incomplète et il faudrait suppléer :

> « <depuis Dioclétien jusqu'à Héraclius et> depuis Héraclius jusqu'à la 7e indiction … »,

le règne de Dioclétien étant marqué en marge par un signe identique à celui qui marque le règne d'Héraclius.

ff. 17v-21v : G1.

ff. 22r-23v : A1.

Au sommet des colonnes, les lunettes contiennent des miniatures représentant les signes du zodiaque, sur fond bleu, avec encadrements rouges.

ff. 24r-37v : A2.

Lunettes représentant les signes du zodiaque, mais les fonds ne sont pas colorés.

ff. 38r-40v : A3.

La table des mouvements horaires n'est pas divisée en deux parties comme dans H; la table des périodes de 25 ans est prolongée de 1501 à 1576 par une main assez grossière. Nombreuses notes en latin. Aux ff. 39-40v, notes en grec (f. 39, date 6733 = 1224/5)[76]

ff. 41r-43v : A4 (même numérotation des colonnes que dans H).

ff. 44r : A5.

f. 44v : S3.

f. 45r : A12 (le centre du cercle est doré).

ff. 45v-46r : S5 (avec miniatures représentant f. 45v, les Vents; f. 46 les Vents et une personnification de la Lune).

f. 46v : S7 (miniatures : médaillons représentant les Vents).

f. 47r : C4. Il s'agit d'une table circulaire sous laquelle est écrit :

Τὰ ἡμικύκλια τὰς ἐπακτὰς ἔχουσιν
οἱ παράλληλοι τὰ ἀπὸ Διοκλητιανοῦ

Au sommet du folio, scolie en écriture onciale (même main) avec exemple daté de 239 de Dioclétien (= 522/523 p. C.) :

> Τὰ ἀπὸ Διοκλητιανοῦ ἔτη κατέχων ἐν τῇ χειρί σου ἀφαίρεσον ἐξ αὐτῶν ἕν· τὰ λοιπὰ μέρισον παρὰ τὸν δεκαεννέα καὶ τὰ λοιπὰ πολυπλασίασον ἐπὶ τὸν ιθ (*in* ια *corrigendum*) καὶ ῥίψον τριακοντάδας καὶ τὰ καταλειπόμενα λέγε ἐπακτὰς εἶναι· ὑποδείγματος χάριν τῷ ἔτει σλθ· ἀφῶν α πλ (ποιεῖ *legendum* ?)

76 Lecture douteuse.

σλη· παρὰ τὸν ιθ δέκα δεκαεννέα δὶς δεκαεννέα πλ (ποιεῖ *legendum* ?) ι· ταῦτα ἐπὶ τὸν ἕνδεκα γίνεται δέκα δεκαεννέα (*in* ἕνδεκα *corrigendum*) ρι· ῥίπτομεν τρὶς τριάκοντα· λοιπαὶ κατὰ (*in* κ *corrigendum* ?)· ταύτας λέγομεν ἐπακτάς.

« Ayant dans ta main les années de Dioclétien, soustrais-en une; et divise le reste par 19 et le reste, multiplie-le par 19 (à corriger en 11); et rejette les trentaines et dis que ce qui reste sont les épactes. Par exemple, l'année 239 : moins un, cela fait 238; (divisé) par 19, 10, deux fois 19, reste 10; cela multiplié par 11 fait : 10, 19 (à corriger en 11 ?), 110; nous rejetons trois fois 30, et il reste 20 : nous disons que ce sont les épactes. »[77]

Une main postérieure a ajouté en marge de la table : ἔτη Διοκλητιανοῦ ͵ϡμ (an. 1223/4).

Au centre de la table, miniature représentant le char de la Lune tiré par deux taureaux. Dans les quatre coins, petits médaillons contenant des personnifications du jour et de la nuit.

f. 47v : S2 (au sommet du folio, le distique : οὐρανίων ἄστρων ... κτλ[78]). La table se présente comme un cercle inscrit dans un carré. Dans les écoinçons, miniatures représentant les dieux des vents.

f. 48r : S8.

f. 48v : A6, A10 et A7 (A6 et A7 sont ici deux tables séparées, au contraire de H).

f. 49r : A9 et A8.

f. 49v : A11.

ff. 50r-56v : A 13.

ff. 57r-62v : A14.

f. 58r-v : la table est prolongée de quelques lignes par une autre main, comme au f. 38v.

ff. 63r-77v : A15.

ff. 78r-82v : A16.

ff. 83r-85r : A17.

ff. 85v-88v : A18.

ff. 89r-v : S14.

f. 90r : A19.

---

[77] Le texte de cette scolie est manifestement corrompu. La méthode est celle qui est décrite dans une partie des manuscrits du *Petit Commentaire* de Théon (p. 157, app). La manière de compter évoque un calcul sur les doigts. Pour diviser 238 par 19, on décompose 238 en 200 + 38. Dans 200, on peut placer 10 x 19 et dans 38, 2 x 19. Il reste 10. La multiplication 10 x 11 semble aussi corrompue. Il est visible que le copiste n'a pas compris ce texte.

[78] Ed. HEIBERG, *op. min.*, p. CXLVIII. Le *Vat. gr.* 1291 a écrit κοιλα σελήνης au lieu de κύκλα σελήνης (voir la photo de la couverture).

ff. 90v-94v : A20.
f. 95r (main postérieure imitant l'onciale ?) : C9.
f. 95v : scolies éditées par J. Mogenet[79].
En beaucoup d'endroits, notes en latin d'une main d'érudit non identifié (ff. 2r, 8r, 31v, 3r, 34r-35r, 38r, 39r-41v, 43v, 60r, 62r, 63r, 64r, 83r).

c) *Histoire et datation*

Domenico Domenici, évêque de Brescia, a inscrit, f. 4v, un *ex libris* daté de 1465, dans lequel il indique que ce manuscrit appartenait auparavant à son prédécesseur, Bartolomeo Malipiero :

> *Hic Liber est mei Dominici de Dominicis Veneti episcopi Brixensis, et fuit ex libris bonae memorie domini Bartolomij episcopi predecessoris mei, et allatus est mihi ex Brixia Romam 1465 de mense septembris. 1465*[80].

Les armoiries de Domenico Domenici figurent au bas du f. 5. Le manuscrit fut ensuite la propriété de Fulvio Orsini (1512-1600), qui a laissé une note de possession au verso de la page de garde : *Ex libris Fulvii Ursini,* et a inscrit le numéro 3 au sommet du folio.

d) *Bibliographie*

Ce manuscrit a suscité une abondante bibliographie[81] (voir Buonocore; Canart-Peri, *Sussidi*); Boll, *Beiträge*, pp. 110 ss; de Nohlac, pp. 168-169; *I.M.A.G.E.S.*; Janz, *Vat. gr. 1291*; Spatharakis, *Corpus*, p. 6 (et planches 8 et 9 : reproductions des f. 9 et 46); Tihon, *L'astronomie à Byzance à l'époque iconoclaste*; Wright.

L'examen du contenu de ces manuscrits donne quelques indications importantes sur l'origine du matériel qui s'y trouve rassemblé.

Le *Vaticanus gr.* 1291 est un manuscrit de luxe, qui contient des miniatures dont les historiens de l'art ont montré qu'elles étaient un héritage direct de l'iconographie antique. Certains indices y marquent une étape en 522/523, soit sous le règne de Justin Ier (518-527) :

---

79 Mogenet, *Vat. gr. 1291.*

80 Cette notice est illisible sur mes photos. Je la cite d'après P. de Nohlac, pp. 168-169.

81 Ainsi que des sites internet dans lesquels on trouve quelques aberrations, par exemple, que ce manuscrit a été copié sous le règne du pape (!) Léon V ...

ainsi, f. 47r, une scolie est datée de 522/523; les années de règne entre Justin Ier (518-527) et Héraclius (610-641) ont été remplies après coup (f. 17r). Le *Vaticanus gr.* 1291 reproduit, semble-t-il, un exemplaire de luxe copié pour la cour de Constantinople au début du VIe siècle, sans doute vers 522/523. Les tables y sont présentées très élégamment, sous une forme qui rappelle parfois des stèles ou des inscriptions.

Beaucoup moins luxueux, le *Leidensis* BPG 78 (H) contient des éléments chronologiques (tables de rois, listes de consuls) qui indiquent que son modèle a dû être une copie effectuée sous le règne d'Héraclius (610-641), ou une copie plus ancienne annotée et complétée à ce moment. Il est tentant de le mettre en rapport avec Stéphane d'Alexandrie, auteur d'un *Commentaire aux Tables Faciles* inspiré du *Petit Commentaire* de Théon et rédigé vers 610-630. Avec ce *Commentaire* se marque la transition entre Alexandrie et Constantinople. Les tables B, supposées ajoutées par Stéphane, ne figurent pas dans la partie en onciale du *Leidensis*, mais on peut penser qu'elles devaient y figurer à l'origine, car une scolie en écriture onciale y fait allusion[82].

Le *Laurentianus* 28/26 (F) est un manuscrit somptueux, mais d'un style différent du *Vaticanus gr.* 1291. L'élégance y vient de l'écriture, particulièrement régulière et décorative dans les titres, et de la somptuosité des encadrements finement tracés à l'encre rouge et rehaussés d'or. Ce manuscrit contient également du matériel ancien, notamment une table de consuls qui s'arrête en 372 p. C. Ceci nous reporte directement à l'époque de Théon d'Alexandrie[83].

Le *Marcianus gr.* 331 est également un manuscrit de luxe, à l'écriture très fine et également rehaussé de dorure, mais qui a été particulièrement maltraité au cours du temps : incomplet, victime d'erreurs de reliure et d'une rognure excessive des pages, il n'offre plus qu'un reflet lamentable de son élégance d'origine. On n'y relève aucune étape chronologique plus précise.

Indépendamment des fragments conservés dans les papyrus, ces manuscrits offrent donc, sous réserve d'une découverte toujours possible dans les manuscrits plus récents, l'accès le plus proche de

---

[82] Voir ci-dessus, p. 28.

[83] Ceci n'implique pas que Théon soit l'auteur de ces listes consulaires, comme le dit USENER (*Chronica Minora* III, pp. 367-368). Théon ne fait aucune allusion à une telle liste, et ne recourt jamais au consulat pour indiquer une datation.

l'Antiquité pour l'ensemble des *Tables Faciles*, avec quelques points de repère que l'on peut situer comme ceci : F, vers 372 ss; v, vers 522/523; H, vers 610 ss. Ces dates ne sont pas nécessairement valables pour la totalité des éléments contenus dans chacun de ces manuscrits, mais elles n'en constituent pas moins des repères importants pour la transmission des tables.

Le *Vaticanus syr.* 623 (IIe partie).

À ces manuscrits, il faut ajouter un palimpseste syriaque, le *Vaticanus syr.* 623. Un copiste syriaque, nommé Théodose, y a transcrit en 886 des récits édifiants sur de nombreux folios grattés qui contenaient des textes araméo-palestiniens, grecs, arabes, arméniens et syriaques. Les parties contenant des textes grecs sont

cod. A (v. infra) : les *Tables Faciles*, en écriture onciale;
cod. B (ff. 211/ 218, 212/217) : folios réécrits deux fois. L'écriture inférieure est une majuscule biblique (Ve s.) disposée sur quatre colonnes[84];
cod. C (ff. 211/218, 212/217) : fragments du *De natura hominis* de Nemesius d'Emèse[85];
cod. D (ff. 163/172; 164/171) : fragments liturgiques non identifiés[86].

Les folios 116//121v, 115//122v contiennent un texte arabe qui a été identifié par D. Proverbio comme des fragments d'une traduction arabe du *Petit Commentaire* de Théon[87].

a) *Description matérielle (cod. A)*

Les folios originaux qui contenaient les tables ont été coupés en deux horizontalement. Le format originel devait être approximativement de 320 mm (hauteur) x 250 mm (largeur). Chaque demi-folio (ca 160 mm x 250 mm) a été plié en deux pour constituer un

---

84 Proverbio, p. 375.
85 Proverbio, p. 374.
86 Ed. Proverbio, p. 375.
87 Proverbio, pp. 375-380. Les extraits grecs cités dans cet article doivent être corrigés : au lieu de ὑπομνεματίσθαι, lire ὑπομνηματίσασθαι (Tihon, *PC*, p. 199, l. 8, au lieu de ὑπομνηματίσαθαι imprimé par erreur); au lieu de προκείμενων, lire προκειμένων (*ibidem*, l. 11); au lieu de καθ' οὓς, lire καθ' οὓς (*ibidem*, p. 200, l. 3).

bifolium. Actuellement, les feuillets (bifolia) ainsi constitués sont montés sur onglet et présentent sur chaque face deux pages de texte syriaque. Chaque double page est numérotée dans le coin inférieur droit ou gauche, le numéro étant celui du folio recto du manuscrit syriaque visible sur cette face.

Les folios qui nous intéressent sont reliés dans l'ordre suivant[88] : 117/120; 118/119; 123 : 130/124/129; 125/128; 126/127; 131/ 138; 132/ 137; 133/ 136; 134/ 135.

Les lettres onciales sont légèrement penchées vers la droite[89].

Reconstitution des cahiers du manuscrit syriaque :

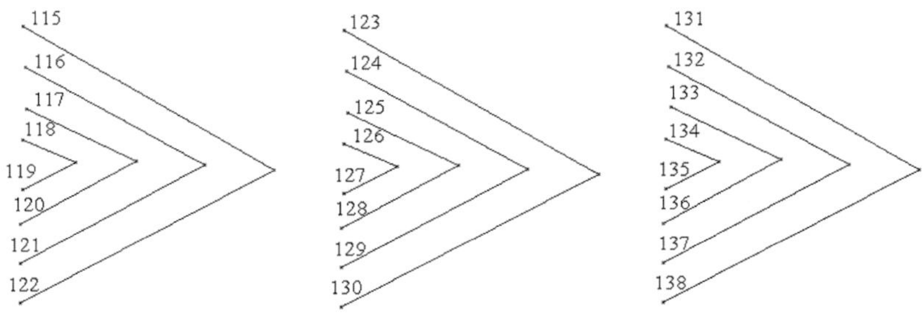

Les folios qui contiennent le texte arabe du *Petit Commentaire* de Théon et les *Tables Faciles* se présentent comme ceci[90] :

Théon PC (Ar) recto

↓S ↓Ar 115	↓S ↓Ar (122v)

Théon PC (Ar) verso

↓S ↓Ar 122	↓S ↓Ar (115v)

Théon PC (Ar) recto

↓S ↑Ar 116	↓S ↑Ar (121v)

[88] Le signe / indique qu'il s'agit du recto et du verso d'un même folio d'origine.

[89] L'écriture présente quelque ressemblance avec celle du *Vat. gr.* 699 (Canart *et alii, Facsimili*, pl. 1).

[90] J'ai pu vérifier la composition sur l'original en février 2011. Les schémas qui suivent reproduisent la présentation du manuscrit dans sa reliure actuelle.

Théon PC (Ar) verso

↓S ↑Ar	↓S ↑Ar
121	(116v)

(recto) A13, 7 (sup)[91]

↓S ↓G	↓S ↓G
117	(120v)

A14,a (sup)

↓S ↓G	↓S ↓G
120	(117v)

A13, 7 (inf)

↓S ↓G	↓S ↓G
118	(119v)

A13, 6 (inf)

↓S ↓G	↓S ↓G
119	(118v)

A1(II) (sup)

↓S ↑G	↓S ↑G
123	(130v)

A1(III) (sup)

↓S ↑G	↓S ↑G
130	(123v)

A13,7 (inf)

↓S ↓G	↓S ↓G
124	(129v)

A14,a (inf)

↓S ↓G	↓S ↓G
129	(124v)

A13,2 (sup)

↓S ↑G	↓S ↑G
125	(128v)

A13,1 (sup)

↓S ↑G	↓S ↑G
128	(125v)

A13,6 (sup)

↓S ↓G	↓S ↓G
126	(127v)

A13,7 (sup)

↓S ↓G	↓S ↓G
127	(126v)

A1(III) (inf)

↓S ↑G	↓S ↑G
131	(138v)

[91] sup = moitié supérieure de la table; inf = moitié inférieure.

A1(III) (inf)

↓S ↑G	↓S ↑G
138	(131v)

A13,2 (inf)

↓S ↑G	↓S ↑G
132	(137v)

A13,1 (inf)

↓S ↑G	↓S ↑G
137	(132v)

A12 (sup)

↓S ↓G	↓S ↓G
133	(136v)

A13,1(sup)

↓S ↓G	↓S ↓G
136	(133v)

A12 (inf)

↓S ↑↓G	↓S ↑↓G
134	(135v)

A13,1 (inf)

↓S ↓G	↓S ↓G
135	(134v)

b) *Contenu*

Voici les fragments des *Tables Faciles* que j'ai pu identifier[92] :

117 (-120v) : A13, 7 (Borysthène) : Capricorne, Verseau, Poissons.
/ 120 (-117v) : fragment de la table A14,a (mouvements moyens de Saturne et de Jupiter par 25 ans jusqu'à 301 ans).
118 (-119v) : A13, 7 (Borysthène) : Balance, Scorpion, Sagittaire.
/ 119 (-118v) : A13, 6 (Milieu du Pont) : Taureau ?
123 (-130v) (à l'envers) : fragment de la table A1 (Bélier, Taureau, Gémeaux jusqu'à 14° d'argument).
/ 130 (-123v) (à l'envers) : fragment de la table A1 (Cancer, Lion, Vierge jusqu'à 14° d'argument).
124 (-129v) : on attend ici la suite de A13,7 (117/120v) (Bélier, Taureau, Gémeaux), mais très peu de chiffres sont lisibles

[92] Ces folios avaient été soumis, à la Bibliothèque Vaticane, à l'attention de mon maître Joseph Mogenet par le R.P. Julien Leroy. J. Mogenet en avait fait une première identification que j'ai pu compléter. L'examen a été fait sur l'original, à l'aide d'une lampe aux ultra-violets. Je remercie M. Paolo Vian, Directeur du département des manuscrits de la Biblioteca Apostolica Vaticana qui m'a autorisée à réexaminer ce manuscrit en février 2011.

/ 129 (-124v) : suite de 120 : A14, a, à partir de 301 ans.
125 (-128v) (à l'envers) : A13, 2 (Cancer, Lion, Vierge).
/ 128 (-125v) (à l'envers) : A13, 1 (Capricorne, Verseau, Poissons).
126 (-127v): A13, 6 (Capricorne, Verseau, Poissons).
/ 127 (-126v) : A13, 7 (Cancer, Lion, Vierge).
131 (-138v) (à l'envers) : A1, suite de 130 (Cancer, Lion, Vierge, lignes de 15° à 30° d'arguments).
/ 138 (-131v) (à l'envers) : A1, suite de 123 (Bélier, Taureau, Gémeaux, de 15° à 30°).
132 (-137v) (à l'envers) : A13, 2 (Balance, Scorpion, Sagittaire).
/ 137 (-132v) (à l'envers) : A13, 1, suite du f. 128 (Bélier, Taureau, Gémeaux).
133 (-136v) : diagramme des horizons (A12)
/136 (-133v) : A13, 1 (Cancer, Lion, Vierge); au bas, on distingue les noms des trois signes suivants : Balance, Scorpion, Sagittaire.
134 (-135v): diagramme des horizons (A12), partie inférieure. Une partie des inscriptions se lit en faisant pivoter le folio de 180°, le reste se lit à l'endroit. Il semble que le copiste a fait pivoter son folio pour inscrire les données en suivant les cercles du diagramme. Quelques mots arabes non encore identifiés figurent sur ce folio.
/135 (-134v) : A13, 1, suite de 136 (Balance, Scorpion, Sagittaire).

c) *Datation et Histoire*

Le texte syriaque a été copié en 886 par un copiste nommé Théodose (cfr ff. 170, 172v, 222v) : on peut en conclure que l'écriture grecque est antérieure à cette date. Au f. 170, il est précisé que le volume appartenait à abba Jean et à son frère Šimʿūn; le f. 222v a une note de possession d'abba Jean. Ces notes ne précisent pas l'endroit où travaillait le copiste Théodose[93]. Toutefois, il est clair que les folios réutilisés provenaient du rebut d'une importante bibliothèque polyglotte, située dans un milieu araméo-palestinien. On a suggéré, sans autre argument, qu'il s'agissait de la bibliothèque du Monastère St Sabas de Jérusalem, d'où le manuscrit serait passé ensuite au monastère du Sinaï[94]. L'analyse paléographique du texte arabe des folios 116/121 et 115/122, effectuée à ma

[93] C'était l'avis du R. P. A. de Halleux (lettre privée datée de 1990).
[94] C'est l'hypothèse de Kohlbacher, *Palimpseste*, p. 290; Proverbio, *Theonis Alexandrini fragmentum,* parle simplement du monastère du Sinaï.

demande par Paolo La Spisa, confirme l'origine palestinienne de ce palimpseste[95].

La présence dans un même codex de folios palimpsestes contenant d'une part les *Tables Faciles* en écriture onciale grecque, et d'autre part, des fragments d'une traduction arabe du *Petit Commentaire* de Théon mérite de retenir l'attention. Le texte arabe contient quelques mots grecs, notamment Φιλιππος parfaitement lisible au f. 115. Il semble bien que ce soit la même main qui ait copié les tables, car la forme et l'inclinaison des lettres onciales sont identiques. De même quelques mots arabes inscrits en marge du diagramme des horizons (A12, f. 134/135v) confirment les liens entre le texte arabe et les tables. Cela signifierait que le traducteur, probablement un chrétien hellénophone, disposait dans sa bibliothèque d'un exemplaire des tables qu'il a recopiées et d'un texte grec du *Petit Commentaire* de Théon qu'il a entrepris de traduire en arabe. Le texte arabe de Théon apparaît comme une transposition assez littérale du texte grec, et le résultat devait être peu compréhensible pour un arabophone[96]. Et, pour autant que l'on puisse en juger par d'aussi courts fragments, le traducteur n'était pas familiarisé avec les sujets astronomiques. Première étape d'une tentative de traduction antérieure à 886[97], ces fragments arabes sont en tout cas antérieurs aux manuscrits byzantins conservés du *Petit Commentaire* de Théon qui ne remontent pas au-delà de la fin du XIIIe siècle, à l'exception d'un seul fragment datable du IXe/Xe siècle conservé dans le *Leidensis* BPG 78[98].

---

95 Voir l'analyse de Paolo La Spisa, en annexe V, pp. 84-86.

96 Proverbio, *Theonis Alexandrini fragmentum*, p. 377. Je remercie Paolo La Spisa qui a examiné pour moi les fragments arabes de Théon. Ces caractéristiques correspondent à ce que décrit D. Gutas, *Pensée grecque*, pp. 210 ss, à propos des premiers traducteurs arabes.

97 Proverbio, *ibidem*, pp. 376-377, suggère que la provenance matérielle du palimpseste arabe serait le *scriptorium* de la *Bayt al-ḥikma*, où la traduction aurait été effectuée entre les années 809-833, sans exclure la possibilité d'une traduction ancienne effectuée sous le calife al-Manṣūr (754-775). Plus tard, les manuscrits de cette bibliothèque auraient été dispersés sous le règne de al-Mutawakkil (847-861) et ce codex serait parvenu dans un milieu monastique (le Sinaï) où il aurait été démembré. La découverte de mots arabes dans la table A12 montre plutôt que la traduction arabe a été effectuée dans le même endroit que la copie des tables. Je remercie D. Proverbio pour son aide dans l'identification de l'écriture arabe.

98 Tihon, *PC*, pp. 166 ss.

d) *Bibliographie*

Kohlbacher, *Palimpseste*, pp. 290-291; Proverbio, *Theonis Alexandrini fragmentum;* Tihon, *TF*, pp. 68-70[99]; van Lantschoot, pp. 151-153.

VI. *La tradition manuscrite postérieure*

Comme nous l'avons vu en décrivant les manuscrits F et H, le *Petit Commentaire* de Théon a été ajouté aux tables à la fin du XIIIe siècle et au début du XIVe : c'est désormais la situation que l'on retrouvera dans la majeure partie de la tradition manuscrite. Pour cet inventaire, les manuscrits sont regroupés selon les familles que j'ai pu déterminer pour le *Petit Commentaire*. Il n'est pas certain, toutefois, que le même classement soit valable également pour les tables, mais c'est là un point de départ intéressant pour une recherche ultérieure :

– famille du *Vaticanus gr.* 175 (stemma *PC*, p. 26) :

Budapestinensis M. 10	ff. 61 ss	XVIe
Cromwellianus 12	pp. 765-976	XVe/XVIe
Laurentianus 28/21	ff. 74r-153v	1ère moitié XIVe
Laurentianus 28/31	ff. 5v-83v	XIVe
Magliabechianus II.III.39	ff. 47r-132	XVIe
Parisinus gr. 2492	ff. 5r-92v	milieu XIVe
Vaticanus gr. 175	ff. 81r-159r	1322/1323
Vaticanus gr. 214	ff. 46r-135v	XIVe
Vaticanus gr. 304	ff. 181r-252v	1ère moitié XIVe

– famille du *Marcianus gr.* 323 (stemma, *PC*, p. 51) :

Marcianus gr. 323	ff. 291r-382v	2e moitié XIVe/XVe
Parisinus Coislin 338	ff. 105r-194r	2e moitié XIVe/XVe
Parisinus gr. 2400	ff. 65r-165r	XVIe
Vaticanus gr. 208	ff. 23r-131v	fin XIVe
Vaticanus gr. 1052	ff. 39r-128v	2e moitié XIVe/XVe
Vindobonensis Ph. gr. 160	ff. 78v-165v	1ère moitié du XVe

[99] Depuis cette publication, j'ai pu identifier quelques tables supplémentaires.

– famille du *Parisinus gr.* 2491 (stemma, *PC*, p. 75) :

Oxoniensis Auct. T 4 20	ff. 30r-115v	milieu du XIVe
Parisinus gr. 2491	ff. 40r-127r	1ère moitié XIVe
Parisinus gr. 2493	ff. 39r-126v	XVIe
Parisinus Suppl. gr. 38	ff. 51r-142r	XVIe
Vaticanus Palatinus gr. 137	ff. 39r-118r	milieu du XIVe

– famille du *Laurentianus gr.* 28/7 (stemma, *PC*, p. 94) :

Ambrosianus H 57 sup	ff. 66r-145v	ca 1357/8
Laurentianus 28/7	ff. 50r-109r	1ère moitié XIVe
Oxoniensis Savile 2	pp. 45 ss	XVIe
Oxoniensis Auct. F 1 2	ff. 23r-114r	ca 1600

– famille du *Leidensis* BPG 78 (stemma, *PC*, p. 108) :

Ambrosianus H 67 sup	ff. 82r-156r	XIVe/XVe
Laurentianus 28/48	ff. 75v-160v	début XIVe
Parisinus gr. 2497	ff. 72r-166r (?)	début XIVe

– famille du *Parisinus gr.* 2399 (stemma, *P. C.*, p. 131) :

Parisinus gr. 2399,	ff. 33r-122r	fin XIIIe
Vaticanus gr. 1059	ff. 449r-482r	ca 1410

– manuscrits isolés :

Ambrosianus E 104 sup	ff. 86v-175r	2e moitié XIVe
Laurentianus 28/12	ff. 171r-338r	1ère moitié XIVe
Laurentianus 28/46	ff. 228r-271v	1ère moitié XIVe
Marcianus gr. 315	ff. 46r-145v	début XIVe
Ottobonianus gr. 26	pp. 561-636 *passim*	XVIe
Parisinus gr. 2394	pp. 910-996	1733
Vaticanus gr. 198	ff. 469r-498v	fin XIVe
Vaticanus gr. 946	ff. 60r-75v	XIVe

– manuscrits ne contenant pas le *Petit Commentaire*

Marcianus gr. 325*	ff. 90v-172r	ca 1325
Oxoniensis Savile 51*	ff. 71r ss (?)	milieu XIVe
Parisinus gr. 2425	ff. 241r-256v	1ère moitié XIVe

* Les tables y sont associées au *Commentaire* de Stéphane d'Alexandrie.

Cet inventaire n'est pas exhaustif. Outre les ensembles conservés dans les manuscrits, de nombreuses tables sont reprises isolément dans divers manuscrits. Par exemple, on ajoute souvent des tables d'ascensions ou de parallaxes provenant des *Tables Faciles* dans des recueils de tables astronomiques persanes ou juives; des œuvres byzantines en incorporent l'une ou l'autre selon les nécessités. Les *Tables Faciles* ont énormément circulé et ne sont pas toujours restées dans des ensembles figés.

VII. *Les Papyri*

Les Papyri Oxy. 4142 et 4143 contiennent des instructions pour l'utilisation des *Tables Faciles*. Le premier (P. Oxy. 4142) concerne la conversion des heures comme l'explique Théon dans le *Petit Commentaire* (ch. 3, 4 et 5), avec un exemple pour la longitude de Rome, comme chez Théon, mais, comme le remarque A. Jones, il n'y a pas de rapprochement textuel précis entre les deux textes. Le second (P. Oxy. 4143) concerne le calcul de la latitude d'une planète, avec comme exemple la latitude de Vénus le 23/24 septembre 329 p. C.

Le P. Oxy. 4167 (IIIe/IVe s.) contient plusieurs fragments des *Tables Faciles*, soit

P. Oxy. 4167	éd. Jones, II, pp.	*TF*, fragment
fgt 1, gauche	118-119	A2, 6 (1)
fgt 1, droite	120-121	A2, 6 (II)
fgt 2a	122-123	A2, 4 (IV)
fgt 2b	122-123	A2, 7 (II)
fgt 3	124-125	A16,d-e
fgt 4-6	126-127	A18, d-e
fgt 7	128-129	A19
fgt 8	128-129	A4 ou A15 ?
fgt 9	128-129	A17b

Il s'agissait d'un *volumen* (rouleau), voire de plusieurs *volumina*, qui devaient contenir l'ensemble des tables[100]. Ces fragments

[100] Jones, I, p. 160.

présentent quelques différences par rapport à F : celles-ci seront signalées dans l'apparat critique[101].

P. Oxy. 4168 (IVe s.) : fragments de pages d'un codex, soit

P. Oxy. 4168	éd. JONES, II, pp.	*TF*, fragment
fgt 1, recto	130-131	A5
fgt 1, verso	132-133	A13, 1
fgt 2, recto	134-135	A15, a
fgt 2, verso	136-137	A15, e
fgt 3 et 4	138-139	A15, e
fgt 5	138-139	A3, b
fgt 6	140-141	non identifié
fgt 7		trop bref pour être identifié

P. Oxy 4169 (IIIe s.) : fragment d'un codex
JONES, II, pp. 142-143 = fragment de A15, e
P. Oxy 4170 (Ve s. ?) : fragment d'un codex (?)
JONES, II, pp. 144-145 = fragment de A14, a
P. Oxy 4171 : fragment d'un codex
JONES, II, pp. 148-149 = fragment de A2, 3 (I-II)
P. Oxy 4172 (IVe/Ve s.) :
JONES, II, pp. 150-151 : table non identifiée
P. Oxy 4173 (IVe s.) :
JONES, II, pp. 152-155 : table inspirée de A 14, c (I) (voir commentaire JONES pp. 166-167)
P. Oxy 4173a (IVe s.) : fragment d'un codex
JONES, II, pp. 156-161 : tables non identifiées

VIII. *Brève histoire des* Tables Faciles

Avant de céder la place à notre édition, nous voudrions encore rappeler brièvement l'histoire ancienne des *Tables Faciles*, déjà esquissée dans une étude antérieure[102]. Celles-ci connurent un grand succès dans l'Antiquité, et quelques fragments dans les papyri,

[101] Voir pp. 191-192.
[102] TIHON, *TF*, pp. 70-79 (§5).

comme nous venons de le voir, attestent leur présence dans l'Égypte romaine[103]. Elles furent commentées et expliquées dès le début du IIIe siècle, vers 213 p. C.[104]. Pappus (ca 323 p. C.) dans son *Commentaire à l'Almageste*, dont nous n'avons conservé que les livres V et VI, fait allusion aux *Tables Faciles*[105]. Mais c'est surtout le nom de Théon d'Alexandrie (ca 364 ss p. C.) qui est associé à ces tables, auxquelles il consacra deux commentaires : le *Grand Commentaire*, en cinq livres, qui a pour but d'expliquer comment Ptolémée a calculé les tables et qui s'adresse à des élèves de niveau supérieur, parfaitement entraînés aux démonstrations géométriques[106]; et le *Petit Commentaire*, traité facile que Théon destinait aux moins doués de ses élèves, ceux qui ne savent pas faire les multiplications et les divisions sexagésimales et qui sont « complètement ignorants des démonstrations géométriques »[107]. Ce commentaire aura énormément de succès, car il explique clairement les procédures de calcul, en les illustrant d'exemples faciles à suivre. Enfin, dans son *Commentaire à l'Almageste*[108], Théon donne également de nombreux exemples, en faisant suivre le calcul selon l'*Almageste* par le même calcul selon les *Tables Faciles*, afin d'en démontrer la concordance (συμφωνία). À partir de là on peut relever de nombreuses traces d'utilisation et d'explication des tables : Hypatie, la célèbre fille de Théon, dont la mort tragique en 415 p. C. a alimenté les imaginations au cours des siècles, avait collaboré à l'œuvre de son père en éditant le livre III du *Commentaire à l'Almageste*[109]; son élève Synésius de Cyrène (mort en 413 p. C.) était lui aussi initié à l'astronomie, et son nom – à supposer qu'il s'agisse bien de lui et non d'un homonyme – figure en marge du *Grand Commentaire* de Théon dans le *Vat. gr.* 190, le plus ancien manuscrit du traité[110].

---

103 Voir supra, VII (pp. 49-50).

104 JONES, *Ptolemy's First Commentator*; ROME, *Sur la date d'Artémidore*.

105 Édition ROME I; références aux *Tables Faciles e g* pp. 132, 4; 197, 9.

106 Édition MOGENET-TIHON, *GC* I; TIHON, *GC* II-IV.

107 Édition, TIHON, *PC*.

108 Édition, ROME II-III (livres I-IV); pour les livres VI-XIII, la seule édition disponible est l'édition de Bâle, faite en 1538 par Joachim CAMERARIUS. Pour le livre V, voir TIHON, *Livre V*.

109 ROME, III. Selon Alan CAMERON, Hypatie aurait édité non pas le livre III du *Commentaire* de Théon, mais bien le livre III de l'*Almageste* : voir CAMERON, *Isidore of Miletus and Hypatia*. Ce livre contient un exemple de calcul selon les *Tables Faciles* (ROME III, pp. 912-916).

110 MOGENET-TIHON, *GC* I, pp. 74-78; IDEM, *Vat. gr. 190*, p. 530.

Des scolies rédigées à Apamée en 462 p. C. figurent également en marge de ce traité dans le même manuscrit et il est clair que le scoliaste avait à sa disposition un exemplaire des tables[111]. Le nom d'un certain Sérapion (fin Ve s. ?) figure aussi dans un passage interpolé du *Grand Commentaire* de Théon[112] et on trouve dans un manuscrit des *Tables Faciles* le nom d'un certain Cléoxène, inconnu par ailleurs, à propos des *Tables Faciles* des parallaxes[113]; le nom de Marinus de Naplouse (ca 485 p. C.) figure dans les marges du *Petit Commentaire* à propos des parallaxes[114]. Des scolies aux *Tables Faciles* datables de la fin du Ve siècle de notre ère[115], un long commentaire marginal au *Petit Commentaire* conservé dans le *Parisinus gr.* 2394[116], et enfin l'énorme corpus des scolies de l'*Almageste*, qui contiennent de nombreuses références aux *Tables Faciles*, attestent l'omniprésence de ces tables dans l'enseignement et la culture scientifique de la fin de l'Antiquité[117]. Ce matériel, en majeure partie inédit, concerne les *Tables Faciles*, soit directement, soit par l'intermédiaire des *Commentaires* de Théon; il fournit de nombreux renseignements sur des points de détails concernant la présentation des tables. Les astrologues les utilisaient : on peut penser que de nombreux horoscopes ont été calculés à l'aide des *Tables Faciles*[118]. Elles sont citées ou utilisées dans des traités astrologiques[119]. La transmission des *Tables Faciles* à Constantinople se fera dès le début du VIIe siècle, avec les adaptations des tables spéciales pour le climat de Byzance dues, semble-t-il, à Stéphane d'Alexandrie. Par la suite, leur succès dans le monde byzantin sera largement attesté par les manuscrits et les traités jusqu'au XVe siècle au moins.

---

[111] *Ibidem.*

[112] MOGENET-TIHON, *GC* I, pp. 288 -300; TIHON, *TF*, pp. 74-75.

[113] TIHON, *TF*, p. 76.

[114] TIHON, *TF*, p. 75; EAD., *Notes*, pp. 166-167.

[115] TIHON, *Les scolies des Tables Faciles.*

[116] TIHON, PC, pp. 174-176; EAD., *Notes*, pp. 175 ss; EAD., *TF*, p. 75; MOGENET-TIHON, *GC* I, pp. 297 ss. Ce commentaire pourrait refléter l'enseignement de Sérapion, mentionné ci-dessus, (note 112) ainsi que celui de Marinus (note 114).

[117] PINGREE, *The Teaching of the Almagest.* D. Pingree a vu dans ces scolies une étroite connexion avec la Syrie et plus particulièrement avec Nisibe aux environs de 600. Bien que séduisante, cette thèse n'est fondée sur aucun argument décisif. L'origine de ces scolies semble l'enseignement d'Alexandrie à la fin du Ve siècle.

[118] Par exemple NEUGEBAUER-VAN HOESEN, *Greek Horoscopes*, L440 (pp. 140-141); *ibidem* L463, p. 142.

[119] Par exemple, Paul d'Alexandrie, Héphestion de Thèbes, Olympiodore (voir supra IV).

Après l'avènement de l'Islam, les *Tables Faciles* poursuivront leur chemin dans le monde syriaque[120] et arabe. En Mésopotamie, le prieur du monastère de Qenneshrè, Sévère Sebokt († 665) les utilisait et leur présence dans le monde syro-palestinien est confirmée par notre palimpseste, le *Vat. syr.* 623. Le fait que ce même codex contienne également des fragments palimpsestes des tables grecques et d'une traduction arabe du *Petit Commentaire* de Théon illustre parfaitement la complexité de la transmission des œuvres scientifiques grecques dans le monde oriental. Comme on l'a vu, ces folios, provenant de livres déclassés, ont été utilisés en 886 par un copiste syriaque nommé Théodose, probablement dans un monastère araméo-palestinien, mais il est bien difficile de retracer l'origine et les pérégrinations de ces folios avant leur réutilisation par le copiste Théodose.

En Occident, par contre, les *Tables Faciles* n'ont guère eu d'influence, sinon très indirectement. Le monde latin du haut Moyen Âge ne les a connues qu'à travers un traité rédigé vers 535 p. C. intitulé *Preceptum Canonis Ptolomei*[121].

IX. *Principes d'édition*

Notre édition portera avant tout sur les tables astronomiques, les tables A. Bien que les listes des rois (C1) et la table des Villes Illustres (G1) fassent partie des tables de Ptolémée, elles posent des problèmes très spécifiques et ont déjà été éditées par ailleurs.

Nous y joindrons les tables B correspondant aux tables A au fur et à mesure de l'édition des tables correspondantes.

1. *L'édition ne tiendra compte que des quatre manuscrits en onciale F H M v*

Comme nous l'avons dit plus haut, le nombre de manuscrits grecs contenant les *Tables Faciles* se monte à quarante-cinq environ et le matériel à collationner – la masse des chiffres – est considérable. Bien que la tradition manuscrite ne soit pas encore débrouillée, des études préliminaires semblent suggérer que la tradition manuscrite plus récente à partir de la fin du XIIIe siècle dérive essentiellement des manuscrits en écriture onciale des IXe-Xe siècles, à savoir

120 Cfr Mercier, Appendix E, pp. 186 ss.
121 Pingree, *Preceptum*.

les quatre manuscrits qui ont été présentés plus haut : F, H, M et v. Il était donc intéressant de faire d'abord une édition sur base de ces quatre manuscrits, qui sont les plus anciens de la tradition manuscrite conservée. Une telle édition permettra de voir sous quelle forme les *Tables Faciles* étaient connues à cette époque. Une fois l'édition faite sur base de ces quatre manuscrits, on pourra mettre en évidence les endroits où les manuscrits FHMv présentent d'importantes divergences. Il sera alors plus facile de voir si les manuscrits postérieurs dérivent de F, H, M ou v, voire d'un autre exemplaire inconnu.

Ces quatre manuscrits sont-ils indépendants les uns des autres ? Il apparaît d'emblée qu'aucun d'eux n'est la copie ou le modèle de l'un des trois autres. Mais il est possible que la collation systématique des variantes fasse ressortir des rapprochements privilégiés entre l'un ou l'autre de ces manuscrits. Sur base des seules tables A1-A2, il est difficile de dégager des conclusions valables, d'autant plus que M n'a pas ces tables et que H n'a plus toutes les tables d'origine. Un examen rapide de l'apparat critique montre que v se singularise souvent par rapport à F et H[122]; quant au fragment palimpseste du *Vat. syr.* 623 (Pal), le tableau suivant montre comment il se situe par rapport aux autres manuscrits :

Pal	Pal F	Pal H	Pal v	Pal FH	Pal Fv	Pal Hv	total
3	3	1	–	3	6	2	18

Totaux
Pal + F = 12
Pal + H = 6
Pal + v = 8

L'analyse mathématique permettra de dégager des conclusions particulièrement intéressantes sur la transmission des tables, qui seront développées dans la seconde partie de ce livre[123].

2. *L'édition reproduira fidèlement le manuscrit F*

À la différence des textes littéraires, les tables astronomiques permettent une vérification mathématique de ce qui est la « bonne »

[122] Voir, par exemple A2, 2 (IV), A2, 3 (IV), A2, 4 (I), A2, 5 (IV).
[123] Cfr l'analyse de R. Mercier, pp. 152 ss.

leçon. On peut donc, en théorie, établir une table parfaite, exempte de toute erreur mathématique, et voir où les manuscrits commettent des erreurs. Cette vérification est nécessaire et sera faite sur plusieurs bases : la cohérence interne, l'analyse mathématique, la comparaison avec l'*Almageste* et, dans certains cas, les méthodes expliquées par Théon dans le *Grand Commentaire*. Les méthodes utilisées pour vérifier les tables seront expliquées en détail à propos de chaque table.

Cependant, il est exclu de faire une édition qui serait la reproduction de ces tables idéales. Tout d'abord, il n'est pas certain qu'un tel contrôle permette de retrouver exactement les tables telles qu'elles ont été conçues par Ptolémée. Il y a des cas, en effet, où le processus suivi par Ptolémée n'est pas clairement établi. D'autre part, le contrôle mathématique ne sera d'aucun secours pour choisir les titres, qui varient souvent d'un manuscrit à l'autre, ou pour décider de la présentation de certaines tables, qui diffèrent parfois selon les copies. Enfin, il est clair qu'une table parfaite n'a jamais été à la disposition des utilisateurs, que ce soit à Alexandrie ou à Byzance. C'est le contraire qui a dû se produire. Ainsi l'analyse de la colonne 3 de la table d'ascensions droites (A1) révèle des erreurs importantes, qui remontent probablement à l'origine de cette table. Éditer une table corrigée n'aurait dès lors aucun sens. Pour ces raisons, plutôt que d'éditer des tables artificiellement reconstruites, il nous a paru préférable de reproduire fidèlement les tables d'un de ces manuscrits et de noter séparément toutes les variantes des autres manuscrits. De plus nous y ajouterons les valeurs calculées selon les méthodes expliquées dans le commentaire mathématique des tables.

Ce principe décidé, il fallait établir quel manuscrit serait reproduit dans l'édition. Parmi les quatre manuscrits en onciales, H est certainement intéressant. D'après des recherches antérieures[124], on voit qu'il est parfois le seul à avoir conservé des annotations fort anciennes. Malheureusement, H est en très mauvais état. De nombreuses tables sont effacées et réécrites par une main postérieure, probablement du XIVe siècle. Le réviseur n'a pas respecté les valeurs primitives, mais a parfois écrit des valeurs aberrantes.

---

[124] Chabás-Tihon, *Verification of parallax in the Handy Tables*; Tihon, *Les scolies des Tables Faciles*, pp. 97-99; Théon, *GC* II, p. 112.

H est donc inutilisable comme base de l'édition. De même, M est trop mutilé pour jouer ce rôle.

Restent alors en compétition deux manuscrits complets et parfaitement lisibles : v et F. En ce qui concerne v, des recherches préliminaires qui ont été faites sur la tradition manuscrite des *Tables Faciles* montrent que v semble être resté isolé dans la transmission postérieure. Editer v reviendrait sans doute à éditer les tables sous une forme qui a peu circulé dans le monde byzantin.

Au contraire, F semble avoir donné naissance à une partie importante de la tradition. En choisissant F, on a donc une bonne chance d'éditer une version largement diffusée des *Tables Faciles*. Le choix de F n'implique en aucune façon qu'il soit un « meilleur » témoin que v, H ou même M. Ce n'est qu'à la fin du travail d'édition qu'il sera possible de voir si, parmi ces quatre manuscrits, l'un d'eux se distingue comme « le meilleur ».

3. *L'apparat critique*

Des tables astronomiques se prêtent mal à un apparat critique traditionnel. Dans un souci de clarté et d'efficacité, nous avons adopté les conventions suivantes :

- les tables de F sont reproduites sans correction;
- les détails paléographiques du manuscrit F (corrections, ratures ...) sont indiqués en note au bas de chaque table;
- les variantes sont données séparément dans l'apparat critique[125], en distinguant
  - les variantes dans les titres, les en-têtes des colonnes, ou la présentation;
  - les variantes numériques.

Les variantes numériques sont données sous forme de tableaux. Ceux-ci donnent les variantes, colonne par colonne, en face des arguments correspondants. Les variantes, données en grec et en notation moderne, sont indiquées pour les quatre manuscrits lorsqu'ils sont disponibles, avec, en outre, la valeur calculée.

---

125 Pour des raisons de mise en page, il n'a pas été possible de placer l'apparat critique directement après chaque table; celui-ci a donc été rassemblé après la fin de l'édition.

Celle-ci est, en principe, la leçon « correcte ». Mais définir ce qu'il faut considérer comme « valeur correcte » est un point très délicat. Dans de nombreux cas, en raison notamment des simplifications, deux valeurs peuvent être également bonnes; dans d'autres cas, aucun manuscrit ne donne la même valeur que le calcul moderne. Pour l'appréciation de ces différences, le lecteur devra se reporter au commentaire des tables.

Lorsque les quatre manuscrits sont d'accord pour donner une valeur différente de la valeur calculée, il n'y a aucune indication dans l'apparat critique. Cependant ces cas seront signalés dans la transcription des tables, et éventuellement discutés dans le commentaire.

H a été difficile à utiliser dans l'apparat critique. Lorsqu'on a accès aux tables originales, en écriture onciale, les variantes sont désignées sous le sigle H; lorsqu'il s'agit d'une table ajoutée par une main postérieure, les variantes sont notées sous le sigle de H^2. Ces variantes n'ont pas la même autorité que celles de H. Lorsque les tables sont effacées et réécrites par une main postérieure, en tout ou en partie, elles sont utilisées lorsque c'était possible, mais toute variante due à une main plus récente est signalée soit par le signe H^2, soit par la mention *m rec* (*manu recentiore*), ou d'une manière expliquée dans l'apparat critique. Ayant examiné le manuscrit original à Leyde, j'ai pu me rendre compte que la lecture aux ultra-violets des pages effacées ne donne que des résultats très médiocres. Les progrès techniques dus à l'utilisation de photos numériques et l'usage d'ordinateurs permettent d'espérer des progrès décisifs dans les années à venir en ce qui concerne la lecture des palimpsestes ou des manuscrits effacés, mais cette technique est actuellement d'un coût inabordable.

Il nous a paru inutile d'alourdir l'apparat critique en donnant les leçons de l'édition de l'abbé Halma. Ce dernier s'est basé sur des manuscrits tardifs, que nous aurons l'occasion d'analyser ultérieurement.

Les leçons données par les papyri et par le palimpseste seront signalées séparément.

X. *Problèmes particuliers*

Présentation extérieure

La présentation extérieure des tables est reproduite aussi fidèlement que possible, mais, pour la lisibilité, l'écriture onciale a été remplacée par l'écriture minuscule. Lorsque, dans un manuscrit, une table est disposée de manière très différente de ce qui apparaît dans notre édition, elle est reproduite entièrement dans l'apparat critique.

Abréviations

La résolution des abréviations qui figurent dans les titres est une question difficile. En effet, les titres des colonnes peuvent être donnés au nominatif ou au génitif, et il n'y a pas de règles fixes à ce sujet. Par exemple, ἀναφ- peut être lu ἀναφοραὶ ou ἀναφορῶν, μη- peut représenter μῆκος ou μήκους, et ainsi de suite. Pour cette raison, nous avons reproduit les symboles utilisés dans les manuscrits, et nous n'avons suppléé les finales (indiquées entre parenthèses) que lorsqu'aucune ambiguïté n'était possible.

Esprits et accents

Les esprits et les accents sont parfois indiqués dans les manuscrits, mais ne correspondent pas toujours aux usages modernes. Nous avons donné aux titres de l'édition une accentuation moderne, en signalant en note l'accentuation originale de F. Dans l'apparat critique l'accentuation originale est reproduite.

Forme du zéro

Une étude paléographique de ces quatre manuscrits serait particulièrement intéressante, mais dépasserait le cadre de ce travail. Signalons cependant la notation du zéro. F a conservé une forme du zéro nettement distincte du *omicron* (f. 66v) :

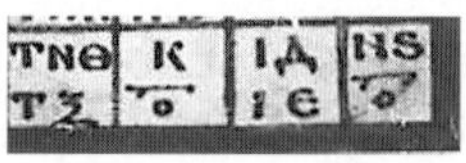

Planche II : *Laurentianus* 28/26, f. 66v (détail)

également (f. 35r)[126] :

Planche III : *Laurentianus* 28/26, f. 35r (détail)

[126] Cette forme du zéro n'apparaît, semble-t-il, que dans les tables B.

H présente plusieurs formes, par exemple (f. 100r et 134r) :

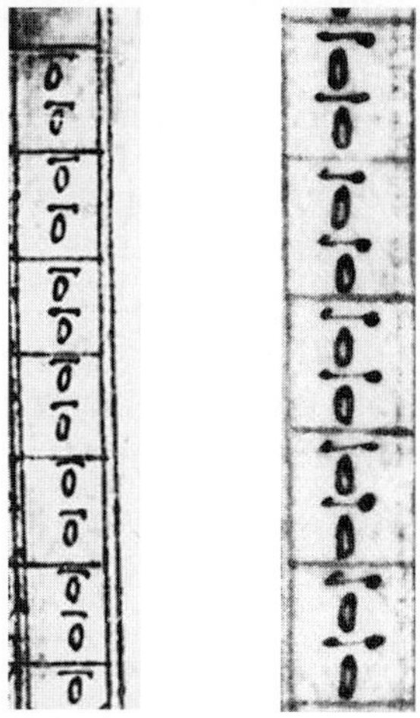

Planche IV : *Leidensis BPG 78,* ff. 100r et 134r (détails)

de même (f. 100r, f. 106r, f. 75r, f. 76r) :

Planche V : *Leidensis BPG 78,* ff. 100r, 106r, 75r, 76r (détails)

v a un simple *omicron* surmonté d'une barre horizontale (f. 24) :

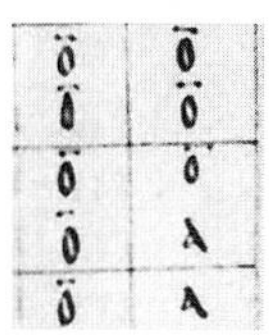

Planche VI : *Vaticanus gr.* 1291, f. 24 (détail)

XI. *Programme d'édition*

L'ampleur du matériel à éditer et à analyser nous a contraints à répartir les *Tables Faciles* en plusieurs volumes. Voici quel sera, dans ses grandes lignes, le programme d'édition :

I. Tables d'ascensions droites et obliques (A1-A2)
II. Tables concernant le Soleil et la Lune (A3-A13)
III. Tables concernant les planètes (A14-A19)
IV. Catalogue d'étoiles (A20) et tables annexes
V. Traduction du traité de Ptolémée; commentaires et conclusions
VI. La tradition manuscrite postérieure

ANNEXE I – Liste des tables

Tables A

N°	titre
A1 (I)	ascensions de la sphère droite (Capricorne, Verseau, Poissons)
A1 (II)	id. (Bélier, Taureau, Gémeaux)
A1 (III)	id. (Cancer, Lion, Vierge)
A1 (IV)	id. (Balance, Scorpion, Sagittaire)
A2, 1 (I)	ascensions obliques, climat 1 (Méroé) (Bélier, Taureau, Gémeaux)
A2, 1 (II)	id. (Cancer, Lion, Vierge)
A2, 1 (III)	id (Balance, Scorpion, Sagittaire)
A2, 1 (IV)	id. (Capricorne, Verseau, Poissons)
A2, 2 (I)	ascensions obliques, climat 2 (Soéné) (Bélier, Taureau, Gémeaux)
A2, 2 (II)	id. (Cancer, Lion, Vierge)
A2, 2 (III)	id. (Balance, Scorpion, Sagittaire)
A2, 2 (IV)	id. (Capricorne, Verseau, Poissons)
A2, 3 (I)	ascensions obliques, climat 3 (Basse Égypte) (Bélier, Taureau, Gémeaux)
A2, 3 (II)	id. (Cancer, Lion, Vierge)
A2, 3 (III)	id. (Balance, Scorpion, Sagittaire)
A2, 3 (IV)	id. (Capricorne, Verseau, Poissons)
A2, 4 (I)	ascensions obliques, climat 4 (Rhodes) (Bélier, Taureau, Gémeaux)
A2, 4 (II)	id. (Cancer, Lion, Vierge)
A2, 4 (III)	id. (Balance, Scorpion, Sagittaire)
A2, 4 (IV)	id. (Capricorne, Verseau, Poissons)
A2, 5 (I)	ascensions obliques, climat 5 (Hellespont) (Bélier, Taureau, Gémeaux)
A2, 5 (II)	id. (Cancer, Lion, Vierge)

N°	titre
A2, 5 (III)	id. (Balance, Scorpion, Sagittaire)
A2, 5 (IV)	id. (Capricorne, Verseau, Poissons)
A2, 6 (I)	ascensions obliques, climat 6 (Milieu du Pont) (Bélier, Taureau, Gémeaux)
A2, 6 (II)	id. (Cancer, Lion, Vierge)
A2, 6 (III)	id. (Balance, Scorpion, Sagittaire)
A2, 6 (IV)	id. (Capricorne, Verseau, Poissons)
A2, 7 (I)	ascensions obliques, climat 7 (Borysthène) (Bélier, Taureau, Gémeaux)
A2, 7 (II)	id. (Cancer, Lion, Vierge)
A2, 7 (III)	id. (Balance, Scorpion, Sagittaire)
A2, 7 (IV)	id. (Capricorne, Verseau, Poissons)
A3, a (I)	longitude du Soleil et de la Lune, 25 ans
A3, a (II)	id., suite
A3, b	longitude du Soleil et de la Lune, années simples
A3, c	longitude du Soleil et de la Lune, mois
A3, d	longitude du Soleil et de la Lune, jours
A3, e	longitude du Soleil et de la Lune, heures
A4 (I)	anomalie du Soleil et de la Lune
A4 (II)	id., suite
A4 (III)	id., suite
A4 (IV)	id., suite
A4 (V)	id., suite
A4 (VI)	id., suite
A5	obliquité du Soleil et latitude de la Lune
A6	table préliminaire
A7	table de correction
A8	table des éclipses de Soleil
A9	grandeurs des éclipses du Soleil et de la Lune
A10	table des prosneuses
A11	table des éclipses de Lune
A12	diagramme des horizons
A13, 1 (I)	parallaxes, climat 1

N°	titre
A15, b (I)	anomalie de Jupiter
A15, b (II)	id., suite
A15, b (III)	id., suite
A15, b (IV)	id., suite
A15, b (V)	id., suite
A15, b (VI)	id., suite
A15, c (I)	anomalie de Mars
A15, c (II)	id., suite
A15, c (III)	id., suite
A15, c (IV)	id., suite
A15, c (V)	id., suite
A15, c (VI)	id., suite
A15, d (I)	anomalie de Vénus
A15, d (II)	id., suite
A15, d (III)	id., suite
A15, d (IV)	id., suite
A15, d (V)	id., suite
A15, d (VI)	id., suite
A15, e (I)	anomalie de Mercure
A15, e (II)	id., suite
A15, e (III)	id., suite
A15, e (IV)	id., suite
A15, e (V)	id., suite
A15, e (VI)	id., suite
A16, a (I)	latitude de Saturne
A16, a (II)	id., suite
A16, b (I)	latitude de Jupiter
A16, b (II)	id., suite
A16, c (I)	latitude de Mars
A16, c (II)	id., suite
A16, d (I)	latitude de Vénus
A16, d (II)	id., suite

N°	titre
A16, e (I)	latitude de Mercure
A16, e (II)	id., suite
A17, a	stations de Saturne
A17, b	stations de Jupiter
A17, c	stations de Mars
A17, d	stations de Vénus
A17, e	stations de Mercure
A18, a	phases de Saturne
A18, b	phases de Jupiter
A18, c	phases de Mars
A18, d (I)	phases de Vénus
A18, d (II)	id., suite
A18, e (I)	phases de Mercure
A18, e (II)	id., suite
A19 (I)	distances des phases par rapport au Soleil (Saturne, Jupiter, Mars)
A19 (II)	id. (Vénus, Mercure)
A20	catalogue d'étoiles

Tables B

B1	ascensions pour le climat de Byzance (correspond à A2)
B2	parallaxes pour le climat de Byzance (correspond à A13)
B3	phases pour le climat de Byzance (correspond à A18)
B4	diagramme des horizons pour le climat de Byzance (correspond à A12)

Tables C

C1	table des rois (à partir de Nabonassar, et/ou à partir de Philippe)
C2	liste des consuls
C3	table des bissextes
C4	table circulaire pour trouver les épactes
C5	tables pour trouver les jours de la semaine

C6	concordance de divers calendriers
C7	concordance des mois égyptiens, romains, grecs
C8	jours selon la Lune
C9 (*m rec*)	cycles lunaires et solaires
C10 (*m rec*)	épactes et bissextes de 6800 (=1291) à 6847(1339)
C11 (*m rec*)	jours des mois romains

Tables G

G1	table des Villes Illustres

Tables S

S1	parcours de la Lune dans les signes du zodiaque, par mois romains et égyptiens
S2	*bathmoi* de Mercure
S3	élévation du pôle et différence des heures
S4	diagramme non élucidé
S5	latitude de la Lune, degré par degré
S6	vitesse horaire de la Lune en fonction de son *bathos* (anomalie)
S7	diagramme du monde
S8	degrés du Soleil depuis l'équinoxe
S9	table des fractions d'heure
S10	table des méridiens et des parallèles pour les éclipses de Soleil
S11	diagramme ressemblant à une projection d'astrolabe, montrant les horizons des sept climats
S12	parties des constellations du zodiaque
S13	table de vitesse lunaire (en deux tableaux)
S14	phases des planètes pour la Phénicie
S15	diagramme enluminé donnant les dates et heures d'entrée du Soleil dans les signes du zodiaque
S16 (*m rec*)	fractions d'une heure équinoxiale (1h = 15°, d'où 1/2 = 450' etc.) (table différente de S9)
S17 (*m rec*)	mouvements moyens de la Lune (ou du Soleil et de la Lune) par fractions d'heure)
S18 (*m rec*)	liste de 30 étoiles brillantes

Annexe II –
Références des tables dans les manuscrits F H M v

Tables A

A1	F	H	M	v
A1 (I)	f. 55r	f. 75r	–	f. 22r
A1 (II)	f. 55v	f. 75v	–	f. 22v
A1 (III)	f. 56r	f. 76r	–	f. 23r
A1 (IV)	f. 56v	f. 76v	–	f. 23v

A2	F	H	M	v
A2, 1 (I)	f. 57r	f. 77r	–	f. 24r
A2, 1 (II)	f. 57v	f. 77v	–	f. 24v
A2, 1 (III)	f. 58r	f. 78r	–	f. 25r
A2, 1 (IV)	f. 58v	f. 78v	–	f. 25v
A2, 2 (I)	f. 59r	f. 79r (*m rec*)	–	f. 26r
A2, 2 (II)	f. 59v	f. 79v (*m rec*)	–	f. 26v
A2, 2 (III)	f. 60r	f. 80r	–	f. 27r
A2, 2 (IV)	f. 60v	f. 80v	–	f. 27v
A2, 3 (I)	f. 61r	f. 81r	–	f. 28r
A2, 3 (II)	f. 61v	f. 81v	–	f. 28v
A2, 3 (III)	f. 62r	f. 82r	–	f. 29r
A2, 3 (IV)	f. 62v	f. 82v	–	f. 29v
A2, 4 (I)	f. 63r	f. 83r	–	f. 30r
A2, 4 (II)	f. 63v	f. 83v	–	f. 30v
A2, 4 (III)	f. 64r	f. 84r	–	f. 31r
A2, 4 (IV)	f. 64v	f. 84v	–	f. 31v
A2, 5 (I)	f. 65r	f. 85r	–	f. 32r
A2, 5 (II)	f. 65v	f. 85v (*rescripta*)	–	f. 32v
A2, 5 (III)	f. 66r	f. 86r *(partim deleta)*	–	f. 33r

A2	**F**	**H**	**M**	**v**
A2, 5 (IV)	f. 66v	f. 86v	–	f. 33v
A2, 6 (I)	f. 67r	f. 87r (*m rec*)	–	f. 34r
A2, 6 (II)	f. 67v	f. 87v (*m rec*)	–	f. 34v
A2, 6 (III)	f. 68r	f. 88r	–	f. 35r
A2, 6 (IV)	f. 68v	f. 88v	–	f. 35v
A2, 7 (I)	f. 69r	f. 89r	–	f. 36r
A2, 7 (II)	f. 69v	f. 89v	–	f. 36v
A2, 7 (III)	f. 70r	f. 90r	–	f. 37r
A2, 7 (IV)	f. 70v	f. 90v	–	f. 37v

A3	**F**	**H**	**M**	**v**
A3, a (I)	f. 71r	f. 91r (*partim rescripta*)	f. 45r	f. 38r
A3, a (II)	f. 71v	f. 91v (*deleta*)	f. 45v	f. 38v
A3, b	f. 72r	f. 92r (*m rec*)	f. 46r	f. 39r
A3, c	f. 72v	f. 92v (*m rec*)	f. 46v	f. 39v
A3, d	f. 73r	f. 93r	f. 47r	f. 40r
A3, e	f. 73v	f. 93v (*partim rescripta*)	f. 47v	f. 40v

A4	**F**	**H**	**M**	**v**
A4 (I)	f. 74r	f. 94r (*partim rescripta*)	–	f. 41r
A4 (II)	f. 74v	f. 94v	–	f. 41v
A4 (III)	f. 75r	f. 95r	–	f. 42r
A4 (IV)	f. 75v	f. 95v	–	f. 42v
A4 (V)	f. 76r	f. 96r (*m rec*)	f. 2r	f. 43r
A4 (VI)	f. 76v	f. 96v (*m rec*)	f. 2v	f. 43v

A5-A12	**F**	**H**	**M**	**v**
A5	f. 77r	f. 97r	f. 3r	f. 44r
A6	f. 77v	f. 97v (*partim rescripta*)	f. 3v	f. 48v
A7	f. 77v	f. 97v (*rescripta*)	f. 3v	f. 48v
A8	f. 80v	f. 98r	f. 4v	f. 49r
A9	f. 80r	f. 99r	f. 4v	f. 49r

A5-A12	**F**	**H**	**M**	**v**
A10	f. 77v	f. 99v	f. 3v	f. 48v
A11	f. 81r	f. 100r	f. 4r	f. 49v
A12	f. 83r	f. 100v	f. 5r	f. 45r

A13	**F**	**H**	**M**[127]	**v**
A13, 1 (I)	f. 83v	f. 101 *(m rec)*	ff. 6v-7r	f. 50r
A13, 1 (II)	f. 84	f. 101v *(m rec)*	ff. 6v-7r	f. 50v
A13, 2 (I)	f. 84v	f. 102	ff. 7v-8r	f. 51r
A13, 2 (II)	f. 85	f. 102v	ff. 7v-8r	f. 51v
A13, 3 (I)	f. 85v	f. 103	ff. 8v-9r	f. 52r
A13, 3 (II)	f. 86	f. 103v	ff. 8v-9r	f. 52v
A13, 4 (I)	f. 86v	f. 104	ff. 9v, 36r	f. 53r
A13, 4 (II)	f. 87	f. 104v	ff. 9v, 36r	f. 53v
A13, 5 (I)	f. 87v	f. 105	ff. 36v-37r	f. 54r
A13, 5 (II)	f. 88	f. 105v	ff. 36v-37r	f. 54v
A13, 6 (I)	f. 88v	f. 106	ff. 37v-38r	f. 55r
A13, 6 (II)	f. 89r	f. 106v	ff. 37v-38r	f. 55v
A13, 7 (I)	f. 89v	f. 107r	ff. 38v-39r	f. 56r
A13, 7 (II)	f. 90r	f. 107v	ff. 38v-39r	f. 56v

A14	**F**	**H**	**M**	**v**
A14, a (I)	f. 90v	–	f. 39v	f. 57r
A14, a (II)	f. 91r	–	f. 40r	f. 57v

[127] Dans M, les signes du zodiaque sont répartis dans l'ordre suivant :

verso d'un folio			recto du folio suivant		
Cancer	Lion	Vierge	Balance	Scorpion	Sagittaire
Capricorne	Verseau	Poissons	Bélier	Taureau	Gémeaux

au contraire de HFv qui ont :

verso d'un folio			recto du folio suivant		
Cancer	Lion	Vierge	Capricorne	Verseau	Poissons
Balance	Scorpion	Sagittaire	Bélier	Taureau	Gémeaux

A14	**F**	**H**	**M**	**v**
A14, a (III)	f. 91v	f. 108r *(m rec)*	f. 40v	f. 58r
A14, a (IV)	f. 92r	f. 108v *(m rec)*	f. 41r	f. 58v
A14, b (I)	f. 92v	f. 109r *(m rec)*	f. 41v	f. 59r
A14, b (II)	f. 93r	f. 109v *(m rec)*	f. 42r	f. 59v
A14, c (I)	f. 93v	f. 110r *(m rec)*	f. 42v	f. 60r
A14, c (II)	f. 94r	f. 110v *(m rec)*	f. 43r	f. 60v
A14, d (I)	f. 94v	f. 111r *(m rec)*	f. 43v	f. 61r
A14, d (II)	f. 95r	f. 111v *(m rec)*	f. 28r	f. 61v
A14, e (I)	f. 95v	f. 112r *(m rec)*	f. 28v	f. 62r
A14, e (II)	f. 96r	f. 112v *(m rec)*	f. 29r	f. 62v

A15	**F**	**H**	**M**	**v**
A15, a (I)	f. 96v	f. 115r *(m rec)*	f. 29v	f. 63r
A15, a (II)	f. 97r	f. 115v *(m rec)*	f. 30r	f. 63v
A15, a (III)	f. 97v	f. 116r *(m rec)*	f. 30v	f. 64r
A15, a (IV)	f. 98r	f. 116v *(m rec)*	f. 31r	f. 64v
A15, a (V)	f. 98v	f. 117r *(m rec)*	f. 31v	f. 65r
A15, a (VI)	f. 99r	f. 117v *(m rec)*	f. 32r	f. 65v
A15, b (I)	f. 99v	f. 118r *(m rec)*	f. 32v	f. 66r
A15, b (II)	f. 100r	f. 118v *(m rec)*	f. 33r	f. 66v
A15, b (III)	f. 100v	f. 119r *(m rec)*	f. 33v	f. 67r
A15, b (IV)	f. 101r	f. 119v *(m rec)*	f. 34r	f. 67v
A15, b (V)	f. 101v	f. 120r *(m rec)*	f. 34v	f. 68r
A15, b (VI)	f. 102r	f. 120v *(m rec)*	f. 35r	f. 68v
A15, c (I)	f. 102v	f. 121r	f. 35v	f. 69r
A15, c (II)	f. 103r	f. 121v	f. 23r	f. 69v
A15, c (III)	f. 103v	f. 122r	f. 23v	f. 70r
A15, c (IV)	f. 104r	f. 122v	f. 24r	f. 70v
A15, c (V)	f. 104v	f. 123r	f. 24v	f. 71r
A15, c (VI)	f. 105r	f. 123v	f. 25r	f. 71v
A15, d (I)	f. 105v	f. 124r *(m rec)*	f. 25v	f. 72r
A15, d (II)	f. 106r	f. 124v *(m rec)*	–	f. 72v
A15, d (III)	f. 106v	f. 125r	–	f. 73r

A15	**F**	**H**	**M**	**v**
A15, d (IV)	f. 107r	f. 125v	–	f. 73v
A15, d (V)	f. 107v	f. 126r	–	f. 74r
A15, d (VI)	f. 108r	f. 126v	f. 26r	f. 74v
A15, e (I)	f. 108v	f. 127r	f. 26v	f. 75r
A15, e (II)	f. 109r	f. 127v	f. 27r	f. 75v
A15, e (III)	f. 109v	f. 128r	f. 27v	f. 76r
A15, e (IV)	f. 110r	f. 128v	–	f. 76v
A15, e (V)	f. 110v	f. 129r *(m rec)*	–	f. 77r
A15, e (VI)	f. 111r	f. 129v *(m rec)*	f. 10r	f. 77v

A16	**F**	**H**	**M**	**v**
A16, a (I)	f. 111v	f. 130r *(m rec)*	f. 10v	f. 78r
A16, a (II)	f. 112r	f. 130v *(m rec)*	f. 11r	f. 78v
A16, b (I)	f. 112v	f. 131r	f. 11v	f. 79r
A16, b (II)	f. 113r	f. 131v	f. 12r	f. 79v
A16, c (I)	f. 113v	f. 132r	f. 12v	f. 80r
A16, c (II)	f. 114r	f. 132v	f. 13r	f. 80v
A16, d (I)	f. 114v	f. 133r	f. 13v	f. 81r
A16, d (II)	f. 115r	f. 133v	f. 14r	f. 81v
A16, e (I)	f. 115v	f. 134r	f. 14v	f. 82r
A16, e (II)	f. 116r	f. 134v	f. 15r	f. 82v

A17	**F**	**H**	**M**	**v**
A17, a	f. 116v	f. 135r *(m rec)*	f. 15v	f. 83r
A17, b	f. 117	f. 135v *(m rec)*	f. 16r	f. 83v
A17, c	f. 117v	f. 136r	f. 16v	f. 84r
A17, d	f. 118r	f. 136v	f. 44r	f. 84v
A17, e	f. 118v	f. 137r	f. 44v	f. 85r

A18	**F**	**H**	**M**	**v**
A18, a	f. 119r	f. 137v	f. 17r	f. 85v
A18, b	f. 119v	f. 138r	f. 17v	f. 86r

A18	**F**	**H**	**M**	**v**
A18, c	f. 120r	f. 138v	f. 18r	f. 86v
A18, d (I)	f. 120v	f. 139r	f. 18v	f. 87r
A18, d (II)	f. 121r	f. 139v	f. 19r	f. 87v
A18, e (I)	f. 121v	f. 140r	f. 19v	f. 88r
A18, e (II)	f. 122r	f. 140v	f. 20r	f. 88v

A19	**F**	**H**	**M**	**v**
A19 (I)	f. 122v	f. 141r	f. 20v	f. 89v
A19 (II)	f. 123r	f. 141v	f. 21r	f. 90r

A20	**F**	**H**	**M**	**v**
A20	ff. 124v-127r	ff. 142r-145r	ff. 21v-22v; 48r-49v	ff. 90v-94v

Tables B

	F	**H**	**M**	**v**
B1	ff. 35r-36v	ff. 153r; 154r-155r *(m rec)*	–	ff. 5r-6v
B2	f. 37r-v	–	–	f. 7r-v
B3	f. 38r-v	–	–	f. 8r
B4	f. 34v	–	–	f. 3r

Tables C

	F	**H**	**M**	**v**
C1	f. 39r-v	ff. 54r-55r; 64-65v	–	ff. 16v-17r
C2	ff. 40r-43r	ff. 55v-63v	–	–
C3	–	f. 1v	–	–
C4	–	f. 2r	–	f. 47r
C5	–	ff. 52r-53r	–	–
C6	ff. 45r-50v	ff. 145v -150v; 152r	–	ff. 10r-15v
C7	–	ff. 151r-v; 152v	–	–
C8	f. 44r	–	–	–
C9	–	–	–	f. 95r (*m rec*)

	F	H	M	v
C10	–	f. 51r (*m rec*)	–	
C11	–	f. 51r (*m rec*)	–	

Tables G

	F	H	M	v
G1	ff. 51r-54v	ff. 66r-70v; 72r-73v	f. 1r-v	ff. 17v-21v

Tables S

	F	H	M	v
S1	f. 43v	f. 74v	–	f. 9v
S2	–	f. 97v	–	f. 47v
S3	f. 81v	f. 98v	f. 5r	f. 44v
S4	f. 80r	f. 99r	–	–
S5	f. 78v	–	–	ff. 45v-46r
S6	–	–	–	f. 46r
S7	–	–	–	f. 46v
S8	f. 79v	f. 98r	f. 5v	f. 48r
S9	f. 79r	–	–	–
S10	f. 82r	–	–	–
S11	f. 82v	–	–	–
S12	ff. 127v-128	–	–	–
S13	f. 78r	–	–	–
S14	ff. 122v-123	f. 141r	f. 20v	f. 89r-v
S15	–	–	–	f. 9r
S16	f. 32r (*m rec*)	f. 50v (*m rec*)	–	–
S17	f. 32v (*m rec*)	ff. 51v; 71v (*m rec*)	–	–
S18	–	f. 53v (*m rec*)	–	–

Annexe III – Éditions

Les tables non mentionnées n'ont pas fait l'objet d'une édition.

Tables A	Halma	Stahlmann	Autres
A1	I, 148-1	n° 1	
A2	II, 2-57	n° 2-8	
A3	II, 66-77	n° 10-14	
A4	II, 78-89	n° 15	
A5	I, 144-145	n° 22	
A6	I, 146-147	n° 16	
A7	I, 146-147	n° 18	
A8	II, 90-91	n° 20	
A9	II, 94-95	n° 19	
A10	II, 94-95; I, 146-147	n° 17	
A11	II, 90-91	n° 21	
A12	III, 43	n° 27	
A13	II, 98-111	n° 28-34	
A14	II, 112-133	n° 36-40	
A15	II, 134-193	n° 41-45	
A16	III, 1- 10	n° 46-50	
A17	III, 11-15	n° 51-55	
A18	III, 16-29	n° 56-60	
A19	III, 32	n° 65	
A20	III, 44-48	n° 66	
Tables B			
B1	II, 58-65	n° 9	
B2	II,194-195	n° 35	
B3	III, 32-33	n° 61-62	

Tables C			
C1	I, 139-143		USENER, *Chronica Minora* III, pp. 447- 449 (H); 450-453 (H); 454-455 (F)
C2	III, 120-134		USENER, *Chronica Minora* III, pp. 392- 410 (H); 375-381 (F)
C6			KUBISTCHEK, *Kalenderbücher*, pp. 1-25 (F); 3-25; 39-40 (H).
C7			KUBISTCHEK, *Kalenderbücher*, pp. 3-25; 39-40 (H)
Tables G			
G1	(I, 109-131)[128]		HONIGMANN, *Die sieben Klimata*, pp. 209-224 (H); 194-208 (v).
Tables S			
S1	III, 36-37		
S3	II, 96-97 (id I, 132-133 ?)	n° 25	
S5		n° 23	
S8	II, 92-93	n° 26	
S10	III, 34-35		
S13			TIHON, *Vitesse lunaire*
S14	III, 30-31	n° 63-64	

[128] La liste éditée par HALMA n'est pas la table habituelle des manuscrits, qui est une longue liste de villes, mais un texte explicatif inspiré du livre VIII de la *Géographie* de Ptolémée (NOBBE, pp. 196ss) dans lequel sont énumérées un certain nombre de villes avec leurs longitudes et leurs latitudes. HALMA a utilisé le *Paris. gr.* 2399 (et non 2499 comme il le dit p. 108); STÜCKELBERGER-GRASSHOFF, 2, pp. 774 ss.

Annexe IV –
L'édition des *Tables Manuelles* par Nicolas Halma

Tout chercheur qui utilise les éditions de l'abbé Nicolas Halma (1755-1828), risque de sombrer rapidement dans une profonde dépression. Ses éditions, en effet, sont des mélanges imprévisibles de textes, tables, notes, scolies, discours, éloges, préambules, introductions, notes sur les textes ou les préambules qui précèdent, titres interminables en grec et en français, pages de titres qui se contredisent ou qui ne correspondent pas au contenu ... Ses volumes contiennent souvent plusieurs parties, parfois dues à des imprimeurs différents et séparées par de nouvelles pages de titre. Les numérotations sont très variées (chiffres romains, chiffres entre parenthèses ...) et ne se suivent pas toujours. Comme l'écrivait le Chanoine A. Rome : « Halma doit faire la joie des bibliophiles et le désespoir des bibliographes »[129].

Voici d'abord la liste des volumes qui contiennent les œuvres de Ptolémée et de Théon. Les numérotations en Tomes I, II … présentées ici sont arbitraires et suivent l'ordre chronologique. Les titres originaux sont en capitales : pour la lisibilité, je les ai transcrits en minuscules et j'ai ajouté les accents aux mots grecs.

[Tomes I-II]
Κλαυδίου Πτολεμαίου Μαθηματικὴ Σύνταξις, *Composition Mathématique de Claude Ptolémée,* traduite pour la première fois du grec en français, sur les manuscrits originaux de la bibliothèque impériale de Paris, par M. Halma, et suivie de notes de M. Delambre, (...), Tome premier, Paris, Chez Henri Grand, Libraire, Rue Saint-André-des-Arcs, N° 51, 1813;
Κλαυδίου Πτολεμαίου Μαθηματικὴ Σύνταξις, *Composition Mathématique de Claude Ptolémée,* ou Astronomie Ancienne, traduite pour la première fois du grec en français, sur les manuscrits de la

[129] Rome, *Prosneuse,* p. 509, note 2.

bibliothèque du Roi, par M. l'abbé HALMA; et suivie de notes de M. DELAMBRE (...), Tome second, Paris, De l'impr. de J.-M. Eberhardt, Imprim. du Collège Royal de France, 1816.

[Tome III]
Κλαυδίου Πτολεμαίου, Θέωνος κ.τ.λ., κανὼν βασιλείων, καὶ φάσεις ἀπλανῶν, καὶ Γεμίνου εἰσαγωγὴ εἰς τὰ φαινόμενα. *Table chronologique des règnes, prolongée jusqu'à la prise de Constantinople par les Turcs; apparition des fixes, de C. Ptolémée, Théon etc. et Introduction de Géminus aux phénomènes célestes,* traduites pour la première fois, du grec en français, sur les manuscrits de la bibliothèque du Roi; suivies des recherches historiques sur les observations astronomiques des Anciens, traduites de l'allemand de M. IDELER, Membre de l'Académie royale de Prusse; et précédées d'un discours préliminaire et de deux présentations sur la réduction des années et des mois des Anciens, à la forme actuelle des nôtres, par M. l'abbé HALMA, pour servir à l'intelligence de son édition grecque et française de l'Almageste, Paris, de l'imprimerie de A. Bobée, 1819.

Dans ce volume, on trouvera notamment la table des règnes, allant de Nabonassar à la prise de Constantinople (C1), dans la deuxième partie, pp. 3-6.

[Tome IV]
Κλαυδίου Πτολεμαίου ὑποθέσεις καὶ πλανωμένων ἀρχαὶ καὶ Πρόκλου Διαδόχου ὑποτυπώσεις, *Hypothèses et époques des planètes de C. Ptolémée et Hypotyposes de Proclus Diadochus,* traduites pour la première fois du grec en français, sur les manuscrits de la bibliothèque du Roi, suivies de trois mémoires traduits de l'allemand de M. IDELER, sur les connoissances astronomiques des Chaldéens, sur le cycle de Méton et sur l'ère persique; et précédées d'un discours préliminaire et de deux dissertations sur les mois macédoniens et sur le calendrier judaique par M. l'abbé HALMA, Paris, chez Merlin, Libraire, Quai des Augustins, n° 7, près du pont Saint-Michel, 1820.

[Tome V]
Θέωνος Ἀλεξανδρέως ὑπόμνημα εἰς τὸ πρῶτον τῆς Πτολεμαίου Μαθηματικῆς Συντάξεως. *Commentaire de Théon d'Alexandrie sur le premier livre de la Composition Mathémathique de Ptolémée,* traduit

pour la première fois du grec en français, sur les manuscrits de la bibliothèque du Roi, par M. l'abbé HALMA, Chanoine honoraire de l'Eglise métropolitaine de Paris; pour servir d'éclaircissement à son édition grecque et à sa traduction française de l'astronomie de Ptolémée. Commentaire sur les livres I et II de la Syntaxe Mathématique de Ptolémée (...), A Paris, chez Merlin, Libraire, Quai des Augustins, n° 7, 1821 (réimpr. Paris, Blanchard, 1993).

[Tomes VI-VII]
Θέωνος Ἀλεξανδρέως ὑπόμνημα. *Commentaire de Théon d'Alexandrie sur le livre III de l'Almageste de Ptolémée; Tables manuelles des mouvemens des astres.* Traduites pour la première fois du grec en français sur les manuscrits de la bibliothèque du Roi par M. l'abbé HALMA, (...), 3 parties, Paris, 1822-1825 (réimpr. Paris, Blanchard, 1990)

Les deux premières parties sont en un volume (vol. I : Première partie, Paris, Merlin, 1822; seconde partie Paris, Bobée, 1823). La troisième partie est en un volume (vol. II : Toisième partie, Paris, Eberhardt, 1825).

Une description détaillée du contenu est donnée ci-dessous.

[Tome VIII]
Κλαυδίου Πτολεμαίου Ἀλεξανδρέως, Περὶ τῆς Γεωγραφικῆς Ὑφηγήσεως Βιβλίον πρῶτον καὶ τοῦ ἑβδόμου ἔσχατα. *Traité de géographie de Claude Ptolémée d'Alexandrie,* Traduit pour la première fois du grec en français sur les manuscrits de la bibliothèque du Roi par M. l'abbé HALMA, Chanoine de l'Eglise métropolitaine de Paris, membre de l'Académie royale des sciences et belles-lettres de Prusse, Dédié au Roi, Paris, Eberhardt, Imprim. du Collège Royal de France, rue du foin Saint-Jacques, n° 12, 1828.

Les tomes VI-VII, qui contiennent une édition des *Tables Manuelles* (ou *Tables Faciles*), sont particulièrement compliqués. En voici le contenu :

Titre : voir ci-dessus.

(Vol. I) Première partie

Epitre dédicatoire (= à la mémoire de M. Delambre)	
Deuxième page de titre : Θέωνος Ἀλεξανδρέως ὑπόμνημα εἰς τοὺς προχείρους κανόνας. *Commentaire de Théon d'Alexandrie sur les tables manuelles astronomiques de Ptolémée jusqu'à présent inédites,* traduites pour la première fois du grec en français sur les manuscrits de la bibliothèque du Roi par M. l'abbé Halma, Chanoine honoraire de l'Eglise métropolitaine de Paris, et membre de l'Académie royale des sciences, de Prusse. Première partie, contenant les Prolégomènes de Ptolémée, les Commentaires de Théon, et les tables préliminaires terminées par les ascensions des signes du zodiaque dans la sphère droite; précédé d'un mémoire traduit de l'allemand de M. Ideler, sur l'année de la mort d'Alexandre le Grand, à Paris, Chez Merlin, Libraire, Quai des Augustins, n° 7, 1822. Vignette représentant une tête féminine	
Table du contenu de cette première partie	
Discours préliminaire	pp. I-XX
Mémoire sur l'année de la mort d'Alexandre le Grand, traduit de l'allemand de M. Ideler [avec un supplément, pp. (18)-(22)]	pp. (1)-(22)
Édition du traité de Ptolémée, en deux colonnes (grec-français) [= Heiberg, *op. min.*, pp. 157-185]	pp. 1- 26
Édition du *Petit Commentaire* de Théon [= Tihon, *PC*, pp. 199-298]	pp. 27-105
Instruction préliminaire sur la table des villes suivantes (fragment tiré du manuscrit grec 2394) [inc. Ἰστέον ὅτι τῆς γῆς τεμνομένης ... des. ἔνθα ποιεῖν ὥρας ἰσημερινὰς]	pp. 106-108
Édition des *Tables Faciles* sous le titre : Πτολεμαίου, Θέωνος καὶ Ὑπατίας πρόχειροι κανόνες Tables Manuelles de Ptolémée, de Théon et d'Hypatia En fait l'édition commence par un texte géographique tiré selon Halma des mss *Paris. gr.* 2493, 2494 et 2499 (erreur pour 2399 ?)	pp. 109-131

Table S3	pp. 132-133
Scolie Εἰδέναι χρὴ ὅτι ἡ λεγομένη ἰσημερινὴ ὥρα ... [= *PC*, p. 361, n° 18]	pp. 134-137
Liste de pays	pp. 137-138
Table des règnes C1, de Nabonassar à Constantin Paléologue	pp. 139-142
Variante de la table C1, de Philippe à Héraclius	p. 143
Tables A5, A6, A1	pp. 144-156
Notes Les notes se terminent par un extrait du manuscrit grec de Constantinople, qui donne 7 étoiles brillantes (p. 167)	pp. 157-167

(Vol. I) Deuxième partie

Note sur la vignette du frontispice de la seconde partie	p. 168 ?
Page de titre : Suite du Commentaire de Théon sur les tables manuelles astronomiques de Ptolémée; au verso : citation de M. Fourier	
Page de titre Πτολεμαίου καὶ Θέωνος πρόχειροι κανόνες Tables manuelles astronomiques de Ptolémée et de Théon, jusqu'à présent inédites. Traduites pour la première fois du grec en français sur les manuscrits de la bibliothèque du Roi, par M. l'abbé Halma, Chanoine honoraire de l'Eglise métropolitaine de Paris, et membre de l'Académie royale des sciences, de Prusse. Seconde partie, contenant les ascensions dans la sphère oblique, les mouvemens du Soleil, de la Lune et des planètes; leurs anomalies, prosneuses, parallaxes, épilepses, lieux, etc. Paris, de l'imprimerie de A. Bobée, rue de la Tabletterie, 1823. Vignette représentant un astrolabe armillaire.	
Introduction	pp. v-viij
Éloge de M. Delambre, Prononcé dans la séance de l'Académie Royale des Sciences, tenue le 2 juillet 1823, par M. le baron Fourier, Secrétaire perpétuel.	pp. ix-xx

Πτολεμαίου καὶ Θέωνος πρόχειροι κανόνες, Tables manuelles astronomiques de Ptolémée et de Théon Extrait du manuscrit de Byzance, 2493 Liste de 9 étoiles les plus brillantes, en grec et en français	p. 1
Édition des tables A2, 1-7, en grec et en français	pp. 2-57
B1 (huitième climat)	pp. 58-59
A3	pp. 66-77
A4	pp. 78-89
A8, A11	pp. 90-91
S8	pp. 92-93
A9, A10	pp. 94-95
S3	pp. 96-97
A13	pp. 98-111
A14	pp. 112-133
A15	pp. 134-193
B2	pp. 194-195
Notes et errata	p. 196
Table des matières	p. 197

(Vol. II) Troisième partie

Page de titre : Πτολεμαίου καὶ Θέωνος πρόχειροι κανόνες *Tables manuelles astronomiques de Ptolémée et de Théon,* Troisième partie, contenant les latitudes des planètes, leurs stations, leurs phases, leurs levers et leurs couchers, et leurs digressions; suivies de la construction des éphémérides ou almanachs des Grecs, et des scholies d'Isaac Argyre, par M. l'abbé Halma, Chanoine honoraire de la Métropole de Paris, et membre correspondant de l'Académie royale des sciences et belles-lettres de Prusse. Citation de Petau. Vignette représentant St Hippolyte, évêque de Porto, auteur d'une table pascale (explication, p. 150). A Paris, J. M. Eberhart, Imprimeur du Collège Royal de France, rue du Foin-Saint-Jacques, n° 12, 1825.	
Discours de M. le baron Cuvier prononcé sur la tombe de M. le Chevalier Delambre.	pp. i-iij

Fragment d'un commentaire de l'empereur Héraclius sur les tables Manuelles [= USENER, *De Stephano Alexandrino*, pp. 314-317]	pp. 101-111
Note sur le fragment qui précède	p. 112
Préambule sur les Fastes consulaires de Théon	pp. 113-116
Note sur le préambule qui précède	pp. 117-118
Fastes consulaires de Théon d'Alexandrie (= C2), page de titre	p. 119
C2, édition	pp. 120-134
Notes	pp. 135-150
Errata	p. 151 ?
Table des matières	pp. 153-154

L'édition HALMA n'est évidemment pas une édition critique; elle se base sur les manuscrits parisiens, probablement les *Parisini gr.* 2399, 2394 et 2493. Nous en traiterons de manière plus détaillée lorsque nous examinerons la tradition manuscrite plus tardive. Les leçons de cette édition n'ont pas été reprises dans l'apparat critique.

Annexe V –
Note paléographique sur le palimpseste arabe *Vaticanus Syriacus 623*, par Paolo La Spisa.

Nous avons effectué une première analyse paléographique du palimpseste *Vat. Syr.* 623 notamment en ce qui concerne le texte arabe inférieur (ff. 115^{r}-122^{r}). Cette analyse a été réalisée sur les photos des parties concernées. Les considérations qui suivent demeurent provisoires, en attendant l'ouverture de la bibliothèque Vaticane qui nous permettra d'achever le projet d'édition du texte arabe.

Malgré cela, on peut déjà présenter une première description paléographique. Après l'analyse de quelques fragments lisibles, nous avons pu constater qu'il s'agit d'une écriture très proche de celle qu'en paléographie arabe on nomme « coufique palestinien ». Il s'agit d'une écriture qu'on peut trouver dans beaucoup de manuscrits arabes conservés aujourd'hui dans la bibliothèque du monastère de Sainte Catherine mais qui, à l'origine, proviennent de différents monastères de la Palestine méridionale[130]. Comme on n'a pas manqué de le remarquer à plusieurs occasions, la bibliothèque de Sainte Catherine représente, « un véritable conservatoire de l'Orient chrétien[131] ». Pour en donner un exemple, parmi les nouvelles découvertes arabes de cette bibliothèque, on compte quelques onze palimpsestes, dont l'écriture inférieure est en grec, en syriaque ou en arabe[132].

Pour en venir à l'analyse paléographique, on peut remarquer tout d'abord que les folios qui se sont avérés les plus utiles à notre enquête sont les 114^{v}-116^{r}.

Au f. 144^{r} on reconnaît clairement les mots suivants :

[...] وضعها ان يكون [...]
[...] الحركه الموضع [...].

---

130 Géhin, *La bibliothèque de Sainte-Catherine*, pp. 157a-164b, ici voir p. 159a.
131 *Ibidem*, p. 163b.
132 *Ibidem*, p. 161b.

Au f. 115^{r} on peut lire :

[...] موضع النجوم في ايها هي [...]

Entre la première et la deuxième ligne on lit le prénom grec Φίλιππος.

Sur les f. 115^{v} et 116^{r} on distingue clairement une décoration en forme de tresse que l'on trouve très souvent dans les manuscrits du Sinaï.

Dans un ancien folio qui constitue aujourd'hui les ff. 115^{v}-116^{r}, on peut lire :

[...] قوانين النجوم الجيده [...]
[...] يصير الينا [...]
[...] لاعداد [...]
[...] القوانين العتيده التي فيها حركات النجوم من وقت واحد

Dans ces exemples, on reconnaît les principales caractéristiques paléographiques du texte arabe inferieur. Le *ductus* des lettres *mīm* et *nūn* est, en finale, typiquement coufique palestinien : le premier finit avec une petite haste en diagonale et le second est bien prolongé en dessous des premières lettres du mot suivant. Le *ductus* des *ḥā'*, *ǧīm* et *ẖā'* est bien anguleux. Le *ṣād* et le *kāf* ont une forme typiquement trapézoïdale (l'une fermée, l'autre ouverte) qui parfois, dans le cas du *ṣād*, tend vers une forme arrondie[133].

Par contre le *hā'* initial est beaucoup plus arrondi et a parfois la forme dite « à papillon », contrairement à ce qui est rencontré dans le coufique *strictu sensu*; le *yā'* final (même en lieu de *alif maqṣūra*), comme dans les particules علي et في et dans le pronom féminin singulier de troisième personne هي, devient un trait au-dessous des lettres qui la précédent :

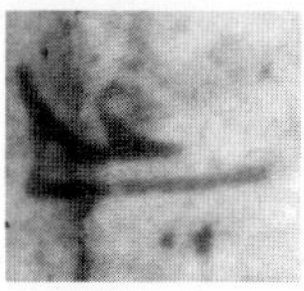

Planche VII : *Vat. syr.* 623, f. 116r, détail.

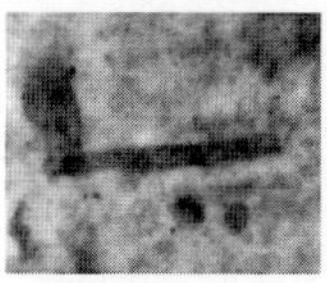

Planche VIII : *Vat. syr.* 623, f. 115v, détail.

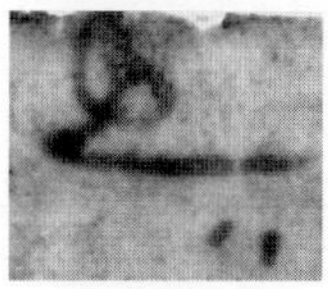

Planche IX : *Vat. syr.* 623, f. 115r, détail.

[133] GÉHIN, *Un manuscrit bilingue grec-arabe*, pp. 162-175, ici voir p. 168.

Pour cette raison, nous pourrions préciser que nous sommes en présence d'une écriture qu'on peut appeler palestino-sinaïtique ou du « *nasḫī* archaïque[134] ».

On peut trouver des parallèles très intéressants avec les manuscrits du nouveau fond de la bibliothèque de Sainte Catherine, notamment avec les n. 6, 8 des mss. en parchemin et le n. 4 des mss. en papier[135]. À partir de ce cadre de référence[136], on peut supposer une provenance palestinienne du palimpseste en question, d'autant plus que cette région présentait, déjà au milieu du IXe siècle, les caractéristiques culturelles pour traduire directement du grec en arabe. Le fait que le texte syriaque supérieur du *Vat. Syr. 623* remonte à l'an 886 nous force à dater le texte arabe à une date antérieure; ce qui n'est pas surprenant si l'on pense que les plus anciens manuscrits arabes chrétiens comme le *Sin. Ar. 151* et le *Sin. Ar. NF n. 1* sont respectivement datés de 867 et de 868 AD[137].

En conclusion, ces observations rejoignent les hypothèses de M. Kohlbacher et D. V. Proverbio sur l'origine palestinienne de ce palimpseste[138].

---

134 Cette dénomination a été trouvée dans SHAHID, *The Martyrs of Najrân,* p. 186 note 2, où il est fait référence au ms. *British Library Or. 5019* du Xe-XIe siècle.

135 MAYMARIS, *Katalogos,* respectivement pp. 76, 77, 109. Un autre specimen d'un manuscrit palestinien avec la même écriture figure dans TISSERANT, *Specimena,* p. 55.

136 DÉROCHE, *Manuel,* pp. 225-226.

137 GÉHIN, *La bibliothèque,* p. 162a et MAYMARIS, *Katalogos,* p. 21 (grec), 17 (arabe).

138 KOHLBACHER, *Palimpseste,* p. 290; PROVERBIO, *Theonis alexandrini fragmentum,* p. 373.

OUVRAGES CITÉS

Bandini
A. M. Bandini, *Catalogus codicum mss Bibliothecae Mediceae Laurentianae, varia continens opera graecorum Patrum*, I-III, Florence, 1764-1770.

Bianconi, *Eracle e Iolao*
D. Bianconi, *Eracle e Iolao. Aspetti della collaborazione tra copisti nell' Età dei Paleologi,* dans *Byzantinische Zeitschrift* 96 (2003), pp. 521-558.

Bianconi, *Il Laur. Plut. 28.26*
D. Bianconi, *Il Laur. Plut. 28.26 ovvero la storia di bizantio nella storia di un codice,* dans *Alethes Philia,* Studi in onore di Giancarlo Prato, a cura di Marco D'Agostino e Paola Degni, Spoleto, 2010, pp. 39-63 (+ Tav. I -VI)

Boer, *Heliodori ut dicitur*
Heliodori ut dicitur in Paulum Alexandrinum Commentarium ed. Ae. Boer, Leipzig (Teubner), 1962.

Boer, *Paulus Alexandrinus*
Pauli Alexandrini Elementa Apotelesmatica, ed. Ae. Boer, Leipzig (Teubner), 1958.

Boll, *Beiträge*
F. Boll, *Beiträge zur Ueberlieferungsgeschichte der griechischen Astrologie und Astronomie,* dans *Sitzungsberichte der philosophisch-philologischen hist. Klasses der k. b. Akademie der Wissenschaften,* Munich, 1899, I, pp. 77-140.

Buonocore, *Bibliografia*
M. Buonocore, *Bibliografia dei fondi manoscritti della Biblioteca Vaticana (1968-1980), Studi e Testi* 319, Vatican, 1986.

Camerarius
Claudii Ptolemaei Magnae Constructionis idest Perfectae caelestium motuum pertractationis lib. XIII. Theonis Alexandrini in eosdem commentariorum lib. XI, Basileae apud Joannem Uualderum, an. 1538 (édition de Joachim Camerarius).

Cameron, *Isidore of Miletus and Hypatia*
A. Cameron, *Isidore of Miletus and Hypatia : On the Editing of Mathematical Texts,* dans *Greek, Roman and Byzantine Studies* 31 (1990), pp. 103-127.

Canart *et Alii, Facsimili*
P. Canart, A. Jacob, S. Lucà, L. Perria, *Facsimili di codici greci della Biblioteca Vaticana,* 1, *Tavole,* Vatican, 1998.

CANART-PERI, *Sussidi*
P. CANART e V. PERI, *Sussidi biografici per i manoscritti greci della Biblioteca Vaticana, Studi e Testi* 261, Vatican, 1970.
CCAG
Catalogus codicum astrologorum graecorum, I-XII, Bruxelles, 1898-1936.
CHABÁS – TIHON
José CHABÁS et Anne TIHON, *Verification of parallax in the Handy Tables*, dans *Journal for the History of Astronomy* XXIV (1993), pp. 123-141.

DE MEYIER
K. A. DE MEYIER, *Codices Bibliothecae Publicae Graeci*, adiuvante E. HULSHOFF, Leyde, 1965.
DE NOHLAC
P. DE NOHLAC, *La bibliothèque de Fulvio Orsini, contributions à l'histoire des collections d'Italie et à l'étude de la Renaissance*, Paris, 1887 (réimpr. Genève-Paris, 1976).
DÉROCHE, *Manuel*
François DÉROCHE *et al.*, *Manuel de codicologie des manuscrits en écriture arabe*, Paris, 2000.

FRYDE
E. B. FRYDE, *Greek Manuscripts in the Private Library of the Medici 1469-1510*, Aberystwyth, 1996.

GEEL
J. GEEL, *Catalogus librorum manuscriptorum qui inde ab anno 1741 Bibliothecae Lugduno-Batavae accesserunt*, Leyde, 1852.
GÉHIN, *La bibliothèque de Sainte-Catherine*
Paul GÉHIN, *La bibliothèque de Sainte-Catherine du Sinaï. Fonds anciens et nouvelles découvertes*, dans D. VALBELLE, C. BONNET edd., *Le Sinaï durant l'antiquité et le Moyen Age : 4000 ans d'histoire pour un désert*, Paris, 1998.
GÉHIN, *Un manuscrit bilingue grec-arabe*
Paul GÉHIN, *Un manuscrit bilingue grec-arabe, BnF, Supplément grec 911 (année 1043)*, dans F. DEROCHE, F. RICHARD edd., *Scribes et manuscrits du Moyen-Orient*, Paris, 1997.
GUTAS, *Pensée grecque*
D. GUTAS, *Pensée grecque, Culture arabe*, Paris, 2005 (traduction française de *Greek Thought, Arabic Culture*, Londres-New York, 1998).

HALMA
Nicolas B. HALMA, Θέωνος ἀλεξανδρέως ὑπόμνημα, *Commentaire de Théon d'Alexandrie sur le livre III de l'Almageste. Tables manuelles des mouvemens des astres. Traduites pour la première fois du grec en français sur les manuscrits de la bibliothèque du Roi*, 3 parties, Paris, 1822-1825.

HEIBERG, *Alm.*
Claudii Ptolemaei opera quae exstant omnia, vol. i : *Syntaxis Mathematica,* ed. J. L. HEIBERG, Leipzig (Teubner), 2 vols., 1898-1903.
HEIBERG, *op. min.*
Claudii Ptolemaei opera quae exstant omnia, vol. ii : *opera astronomica minora,* ed. J. L. HEIBERG, Leipzig (Teubner), 1907.
HONIGMANN, *Die sieben Klimata*
E. HONIGMANN, *Die sieben Klimata und die πόλεις ἐπίσημοι,* Heidelberg, 1929.

I.MA.G.E.S.
Sever J. VOIČU, Serenella D'ALISERA, *Index in manuscriptorum graecorum edita specimina,* Rome, 1981.

JANZ, *VAT.GR. 1291*
T. JANZ, *The Scribes and the Date of the VAT. GR. 1291, Miscellanea Bibliothecae Apostolicae Vaticanae* X, *Studi e Testi* 416, Vatican, 2003, pp. 159-180.
JONES, *Ptolemy's First Commentator*
A. JONES, *Ptolemy's First Commentator, Transactions of the American Philosophical Society,* vol. 80, part 7, Philadelphia, 1990.
JONES, *Papyri*
A. JONES, *Astronomical Papyri from Oxyrhynchus,* Vol. I-II, American Philosophical Society, Philadelphia, 1999.

KOHLBACHER, *Palimpseste*
M. KOHLBACHER, *Palimpseste als Geschichtsquelle. Geschichte im Spiegel der Textüberlieferung am Beispiel von Palimpsesten,* dans *Palimpsestes et éditions de textes : les textes littéraires,* éd. Véronique SOMERS, Publications de l'Institut Orientaliste de Louvain 56, Louvain-la-Neuve, 2009, pp. 263-319.
KUBITSCHEK, *Kalenderbücher*
W. KUBITSCHEK, *Die Kalenderbücher von Florenz, Rom und Leyden, Denkschr. Akad. Wien, Philos. Hist. Kl.* 57, 3, Vienne, 1915.
KUNITZSCH, *Das Fixsternverzeichnis*
P. KUNITZSCH, *Das Fixsternverzeichnis in der « Persischen Syntaxis » des Georgios Chrysocokkes,* dans *Byzantinische Zeitschrift* 57 (1964), pp. 382-411.

LABOWSKY
Lotte LABOWSKY, *Bessarion's Library and the Biblioteca Marciana, Sussidi Eruditi* 31, Rome, 1979.
LEFORT-COCHEZ
L. Th. LEFORT et J. COCHEZ, *Palaeographish Album van gedagteekende Grieksche minuskelhandschriften uit de IXe en X^e^ eeuw,* Louvain, 1932-1934.

LEGRAS, *Lire en Égypte*

B. LEGRAS, *Lire en Égypte d'Alexandre à l'Islam,* Paris, 2002.

LEMPIRE, *Stéphanos d'Alexandrie*

Jean LEMPIRE, *Le Commentaire de Stéphanos d'Alexandrie aux* Tables Faciles *de Ptolémée,* Thèse de doctorat, Louvain-la-Neuve, 2010 (thèse inédite).

MAYMARIS, *Katalogos*

I. E. MAYMARIS, Κατάλογος τῶν νέων ἀραβικῶν χειρογράφων τῆς ἱερᾶς Μονῆς Ἁγίας Αἰκατερίνης τοῦ Ὄρους Σινᾶ, Athènes, 1985.

MIONI

E. MIONI, *Bibliothecae Divi Marci Venetiarum codices graeci manuscripti,* vol. II : *Thesaurus antiquus. Codices 300-625* (*Indici e Cataloghi. Nuova Serie,* VI), Rome, 1985.

MOGENET, *Vat. gr. 1291*

J. MOGENET, *Les scolies astronomiques du Vat. gr. 1291,* dans *Bulletin de l'Institut Historique Belge de Rome* 40 (1969), pp. 69-91.

MOGENET-TIHON, *GC*

J. MOGENET (†), *Le « Grand Commentaire » de Théon d'Alexandrie aux Tables Faciles de Ptolémée, livre I (Histoire du texte, édition critique, traduction* revues et complétées par Anne TIHON. *Commentaire* par Anne TIHON), *Studi e Testi* 315, Vatican, 1985.

NEUGEBAUER, *HAMA*

O. NEUGEBAUER, *A History of Ancient Mathematical Astronomy,* 3 vols., Berlin-Heidelberg-New York, 1975.

NEUGEBAUER - VAN HOESEN, *Greek Horoscopes*

O. NEUGEBAUER - H. B. VAN HOESEN, *Greek Horoscopes,* Memoirs of the American Philosophical Society vol. 48, Philadelphia, 1959.

NOBBE

Claudii Ptolemaei Geographia ed. C. F. A. NOBBE, *cum introductione a* Aubrey DILLER, Hildesheim, 1966 (reimpr. Leipzig 1843-1845).

PINGREE, *Horoscope*

D. PINGREE, *The Horoscope of Constantinople,* dans *Prismata, Festschrift für Willy Hartner,* Wiesbaden, 1977, pp. 305-315.

PINGREE, *Preceptum*

D. PINGREE, *The Preceptum Canonis,* Corpus des Astronomes Byzantins VIII, Louvain-la-Neuve, 1997.

PINGREE, *The Teaching of the Almagest*

D. PINGREE, *The Teaching of the Almagest in Late Antiquity,* dans *Apeiron,* vol. 27, n° 4 (1994), pp. 75-98.

PROVERBIO, *Theonis Alexandrini fragmentum*

D. V. PROVERBIO, *Theonis Alexandrini fragmentum pervetus Arabice. Su più antico manoscritto del* Commentarium parvum *di Teone Alessandrino,* dans *Rendiconti dell'Accademia Nazionale dei Lincei. Classe di Scienze Morali, storiche e filologiche, ser.* IX, 13 (2002), pp. 373-386.

Ptolémée : voir HALMA; HEIBERG; NOBBE; STÜCKELBERGER-GRASSHOFF.

ROME I, II, III
A. ROME, *Commentaires de Pappus et de Théon d'Alexandrie sur l'Almageste,* I, II et III, *Studi e Testi* 54, 72 et 106, Rome-Vatican, 1931, 1936, 1943.

ROME, *Prosneuse*
A. ROME, *La prosneuse des éclipses dans l'astronomie ptolémaïque,* dans *L'Antiquité Classique* 17 (1948), pp. 509-518.

ROME, *Sur la date d'Artémidore*
A. ROME, *Sur la date d'Artémidore* dans *Annales de la Société Scientifique de Bruxelles* 51, série A, 1ère partie (1931), pp. 104-112.

SCHNABEL
P. SCHNABEL, *Die Entstehungsgeschichte des kartographischen Erdbildes des Klaudios Ptolemaios,* dans *Sitzungsberichte der preussichen Akademie der Wissenschaften, Philos. Hist. Kl.* XIV, Berlin, 1930, pp. 214-250.

SHAHID, *The Martyrs of Najrân*
I. SHAHID, *The Martyrs of Najrân New Documents,* dans *Subsidia Hagiographica* 49, Société des Bollandistes, Bruxelles, 1971.

SPATHARAKIS
I. SPATHARAKIS, *Some Observations on the Ptolemy Ms Vat. gr. 1291 : its Date and the Two Initial Miniatures,* dans *Byzantinische Zeitschrift* 71 (1978), pp. 41-49.

SPATHARAKIS, *Corpus*
I. SPATHARAKIS, *Corpus of Dated Illuminated Greek Manuscrits to the year 1453,* 2 vols., Leyde, 1981.

STAHLMAN
W. D. STAHLMAN, *The Astronomical Tables of Codex Vaticanus graecus 1291,* dissertation doctorale inédite, Brown University, 1960.

STÜCKELBERGER-GRASSHOFF
Ptolemaios, Handbuch der Geographie, ed. Alfred STÜCKELBERGER und Gerd GRASSHOFF, 2 vols, Bâle, 2006.

Théon : voir CAMERARIUS; MOGENET-TIHON, *GC*; TIHON, *GC*; TIHON, *PC.*

TIHON, *Calcul de l'éclipse*
Anne TIHON, *Le calcul de l'éclipse de Soleil du 16 juin 364 p.C. et le Petit Commentaire de Théon,* dans *Bulletin de l'Institut Historique Belge de Rome* 46-47 (1976-1977), pp. 35-79.

TIHON, *GC*
Anne TIHON, *Le « Grand Commentaire » de Théon d'Alexandrie aux Tables Faciles de Ptolémée, livres II et III, Studi e Testi* 340, Vatican, 1991; *livre IV, Studi e Testi* 390, Vatican, 1999.

TIHON, *L'astronomie à Byzance à l'époque iconoclaste*
Anne TIHON, *L'astronomie à Byzance à l'époque iconoclaste* dans *Science in Western and Eastern Civilization in Carolingian Times,* edd. P. L. BUTZER and D. LOHRMANN, Bâle-Boston-Berlin, 1993, pp. 181-203.
TIHON, *Les scolies des Tables Faciles*
Anne TIHON, *Les scolies des Tables Faciles de Ptolémée,* dans *Bulletin de l'Institut Historique Belge de Rome* 43 (1973), pp. 49-110.
TIHON, *Livre V*
Anne TIHON, *Le livre V retrouvé du Commentaire à l'Almageste de Théon d'Alexandrie,* dans *L'Antiquité Classique* 56, 1987, pp. 201-218.
TIHON, *Notes*
Anne TIHON, *Notes sur l'astronomie grecque au Ve siècle de notre ère (Marinus de Naplouse - un Commentaire au Petit Commentaire de Théon)* dans *Janus* 73 (1976), pp. 167-184.
TIHON, *PC*
Anne TIHON, *Le « Petit commentaire » de Théon d'Alexandrie aux Tables Faciles de Ptolémée (Histoire du texte, édition critique, traduction), Studi e Testi* 282, Vatican, 1978.
TIHON, *Propos sur l'édition*
Anne TIHON, *Propos sur l'édition de textes astronomiques grecs,* dans *Les problèmes posés par l'édition critique des textes anciens et médiévaux,* éd. Jacqueline HAMESSE, Publications de l'Institut Médiéval, Louvain-la-Neuve, 1992, pp. 113-137.
TIHON, *TF*
Anne TIHON, *Les Tables Faciles de Ptolémée dans les manuscrits en onciale,* dans *Revue d'Histoire des Textes* XXII (1992), pp. 47-87.
TIHON, *Une édition critique*
Anne TIHON, *Les Tables Faciles de Ptolémée : une édition critique,* dans *Studies in the History of the Exact Sciences in honour of David Pingree,* edd. Charles BURNETT, Jan HOGENDIJK, Kim PLOFKER and Michio YANO, Leyde-Boston, 2004, pp. 223-246.
TIHON, *Vitesse lunaire*
Anne TIHON, *Une table grecque de vitesse lunaire (Laurentianus 28/26),* dans *Astronomy and Astrology from the Babylonians to Kepler : Essays Presented to Bernard R. Goldstein on the Occasion of his 65th Birthday,* Part I, *Centaurus* 45 (2003), pp. 83-99.
TISSERANT, *Specimena*
E. TISSERANT, *Specimena codicum orientalium,* Bonn-Oxford-Rome, 1914.

USENER, *Ad historiam astronomiae symbola*
H. USENER, *Ad historiam astronomiae symbola,* dans *Kleine Schriften* III, Leipzig-Berlin, 1914, pp. 323-371.
USENER, *Chronica Minora*
H. USENER, *Chronica Minora saec. IV-VII,* vol. III (*Monumenta Germaniae Historica Auct. Ant. XIII* ed. Th. MOMMSEN), Berlin, 1898, pp. 357-457.

USENER, *De Stephano*
H. USENER, *De Stephano Alexandrino*, dans *Kleine Schriften* III, Leipzig-Berlin, 1914, pp. 247-322.

VAN DER HAGEN, *Observationes*
J. VAN DER HAGEN, *Observationes in Theonis fastos graecos priores et in ejusdem fragmentum in expeditos canones ...*, Amsterdam, 1735.

VAN DER WAERDEN, *Ein byzantinische Sonnentafel*
B. L. VAN DER WAERDEN, *Ein byzantinische Sonnentafel*, dans *Sitzungsberichte der Bayerische Akademie der Wissenchaften, Math.-Nat. Kl.* 1954, pp. 159-168.

VAN DER WAERDEN, *HT*
B. L. VAN DER WAERDEN, *Die handlichen Tafeln des Ptolemaios*, dans *Osiris* 13 (1958), pp. 54-78.

VAN LANTSCHOOT
A. VAN LANTSCHOOT, *Inventaire des manuscrits syriaques des fonds Vatican, Barberini, Oriental et Neofiti, Studi e Testi* 243, Vatican, 1965.

VITELLI e PAOLI
G. VITELLI e C. PAOLI, *Collezione fiorentina di facsimili paleografici greci e latini*, Firenze, 1884-1888.

WRIGHT
D. H. WRIGHT, *The date of the Vatican illuminated Handy Tables of Ptolemy and of its early additions*, dans *Byzantinische Zeitschrift* 78 (1985), pp. 355-362.

ZANETTI-BONGIOVANNI
A. M. ZANETTI e A. BONGIOVANNI, *Graeca D. Marci Bibliotheca codicum manuscriptorum per titulos digesta*, Venise, 1740.

<Πτολεμαίου Πρόχειροι Κανόνες>[1]

TABLES FACILES

ÉDITION DES TABLES

A1-A2

[1] *Titulum conieci e Theonis commentario maiore (I, p. 158)*] *deest in* F H M v

L'édition reproduit les tables du *Laurentianus* 28/26 (F).
L'apparat critique se trouve à la fin de l'édition (pp. 135-197).

A1 (I) : ascensions de la sphère droite (F, f. 55)

Tit : ὀρθὴ σφαῖρα σὺν μεσουρανήματι πανταχή[2].

σ'	Αἰγοκέρου				Ὑδριχόου				Ἰχθύων			
μοιρ αι	ἀναφορ μ°	ξ′	ωρ χρ ξ ξ′	ξ′	ἀναφορ μ°	ξ′	ωρ χρ ξ ξ′	ξ′	ἀναφορ μ°	ξ′	ωρ χρ ξ ξ ξ′	
α	α	ς	ιη	μ	λγ	ιη	λα	ις	ξγ	ζ	λβ	ιγ
β	β	ιβ	ιθ	ια	λδ	κ	λα	κη	ξδ	δ	λβ	ō
γ	γ	ιη	ιθ	ιβ	λε	κβ	λα	μ	ξε	α	λα	μζ
δ	δ	κδ	κ	ιγ	λς	κδ	λα	νβ	ξε	νη	λα	λγ
ε	ε	λ	κ	μδ	λζ	κς	λβ	δ	ξς	νε	λα	κ
ς	ς	λε	κα	ιε	λη	κη	λβ	ιε	ξζ	να	λα	ς
ζ	ζ	μ	κα	με	λθ	κθ	λβ	κδ	ξη	μζ	λ	ν
η	η	με	κβ	ιδ	μ	λ	λβ	λβ	ξθ	μγ	λ	λδ
θ	θ	ν	κβ	μδ	μα	λα	λβ	μα	ο	λθ	λ	ιη
ι	ι	νε	κγ	ιγ	μβ	λβ	λβ	με	οα	λε	λ	β
ια	ιβ	ō	κγ	μβ	μγ	λβ	λβ	νη	οβ	λα	κθ	μς
ιβ	ιγ	ε	κδ	ια	μδ	λβ	λγ	ς	ογ	κζ	κθ	λ
ιγ	ιδ	ι	κδ	λη	με	λβ	λγ	θ	οδ	κγ	κθ	ια
ιδ	ιε	ιε	κε	δ	μς	λβ	λγ	ιβ	οε	ιθ	κη	να
ιε	ις	κ	κε	λα	μζ	λβ	λγ	ιε	ος	ιε	κη	λβ
ις	ιζ	κε	κε	νζ	μη	λβ	λγ	ιη	οζ	ι	κη	ιβ
ιζ	ιη	λ	κς	κδ	μθ	λβ	λγ	κ	οη	ε	κζ	νγ
ιη	ιθ	λδ	κς	ν	ν	λβ	λγ	κγ	οθ	ō	κζ	λγ
ιθ	κ	λη	κζ	ιγ	να	λα	λγ	κ	οθ	νε	κζ	ια
κ	κα	μβ	κζ	λς	νβ	λ	λγ	ιζ	π	ν	κς	μθ
κα	κβ	μς	κζ	νη	νγ	κη	λγ	ιδ	πα	με	κς	μζ
κβ	κγ	ν	κη	κ	νδ	κς	λγ	ιδ	πβ	μ	κς	ε
κγ	κδ	νδ	κη	μβ	νε	κδ	λγ	η	πγ	λε	κε	μγ
κδ	κε	νη	κθ	δ	νς	κβ	λγ	ε	πδ	λ	κε	κα
κε	κζ	α	κθ	κδ	νζ	κ	λβ	νθ	πε	κε	κδ	νη
κς	κη	δ	κθ	μδ	νη	ιη	λβ	νβ	πς	κ	κδ	λδ
κζ	κθ	ζ	λ	δ	νθ	ις	λβ	μδ	πζ	ιε	κδ	ια
κη	λ	ι	λ	κδ	ξ	ιδ	λβ	λε	πη	ι	κγ	μη
κθ	λα	ιγ	λ	μδ	ξα	ιβ	λβ	λγ	πθ	ε	κγ	κδ
λ	λβ	ις	λα	δ	ξβ	ι	λβ	κς	ϟ	ō	κγ	ō
	λβ	ις			κθ	νδ			κζ	ν		

[2] πανταχή] *accentum servavi sicut* F

A1 (II) : Ascensions de la sphère droite (F, f. 55v)

Tit : ὀρθὴ σφαῖρα σὺν μεσουρανήματ(ι)[3] πανταχή.[4]

σ	Κριοῦ				Ταύρου				Διδύμων			
μο	ἀναφ		ωρ χρ ξ ξ		ἀναφ		ωρ χρ ξ ξ		ἀναφ		ωρ χρ ξ ξ	
α	ϟ	νε	κβ	λς	ριη	μη	ι	νζ	ρμη	μζ	ς	ις
β	ϟα	ν	κβ	ια	ριθ	μς	ι	μ	ρμθ	ν	ς	ιθ
γ	ϟβ	με	κα	μζ	ρκ	μδ	ι	κδ	ρν	νγ	ς	κγ
δ	ϟγ	μ	κα	κβ	ρκα	μβ	ι	ζ	ρνα	νς	ς	κς
ε	ϟδ	λε	κ	νη	ρκβ	μ	θ	να	ρνβ	νθ	ς	λ
ς	ϟε	λ	κ	λγ	ρκγ	λη	θ	λε	ρνδ	γ	ς	λδ
ζ	ϟς	κε	κ	θ	ρκδ	λς	θ	κα	ρνε	ς	ς	λθ
η	ϟζ	κ	ιθ	μδ	ρκε	λδ	θ	ς	ρνγ	ι	ς	μδ
θ	ϟη	ιε	ιθ	ιθ	ρκς	λβ	η	νβ	ρνζ	ιδ	ς	ν
ι	ϟθ	ι	ιη	νδ	ρκζ	λ	η	λζ	ρνη	ιη	ς	νε
ια	ρ	ε	ιη	κθ	ρκη	κθ	η	κγ	ρνθ	κβ	ζ	α
ιβ	ρα	ō	ιη	δ	ρκθ	κη	η	η	ρξ	κς	ζ	ς
ιγ	ρα	νε	ιζ	μ	ρλ	κη	ζ	νη	ρξα	λ	ζ	ιε
ιδ	ρβ	ν	ιζ	ις	ρλα	κη	ζ	μζ	ρξβ	λε	ζ	κδ
ιε	ργ	με	ις	να	ρλβ	κη	ζ	λζ	ρξγ	μ	ζ	λγ
ις	ρδ	μα	ις	κζ	ρλγ	κη	ζ	κζ	ρξδ	με	ζ	μβ
ιζ	ρε	λζ	ις	β	ρλδ	κη	ζ	ιζ	ρξε	ν	ζ	να
ιη	ρς	λγ	ιε	λη	ρλε	κη	ζ	ζ	ρξς	νε	η	ō
ιθ	ρζ	κθ	ιε	ις	ρλς	κη	ζ	α	ρξη	ō	η	ια
κ	ρη	κε	ιδ	νδ	ρλζ	κη	ς	νε	ρξθ	ε	η	κβ
κα	ρθ	κα	ιδ	λα	ρλη	κθ	ς	ν	ρο	ι	η	λγ
κβ	ρι	ιζ	ιδ	θ	ρλθ	λ	ς	μδ	ροα	ιθ	η	μδ
κγ	ρια	ιγ	ιγ	μς	ρμ	λα	ς	λθ	ροβ	κ	η	νς
κδ	ριβ	θ	ιγ	κδ	ρμα	λβ	ς	λγ	ρογ	κε	θ	η
κε	ριγ	ε	ιγ	β	ρμβ	λδ	ς	λ	ροδ	λ	θ	κ
κς	ριδ	β	ιβ	μα	ρμγ	λς	ς	κς[5]	ροε	λς	θ	λβ
κζ	ριδ	νθ	ιβ	ιθ	ρμδ	λη	ς	κγ	ρος	μβ	θ	με
κη	ριε	νς	ια	νζ	ρμε	μ	ς	ιθ	ροζ	μη	θ	νζ
κθ	ρις	νγ	ια	λε	ρμς	μβ	ς	ις	ροη	νδ	ι	ι
λ	ριζ	ν	ια	ιγ	ρμζ	μδ	ς	ιβ	ρπ	ō	ι	κγ
	κζ	ν			κθ	νδ			λβ	ις		

[3] ὀρθη σφαῖρα σὺν μεσουρανηματ F

[4] πανταχή] *accentum servavi sicut* F

[5] ς κς *post correctionem ut videtur* F

A1 (III) : Ascensions de la sphère droite (F, f. 56)

Tit : ὀρθὴ σφαῖρα σὺν μεσουρανήματ(ι)[6] πανταχή.[7]

♂	Καρκίνου				Λέοντος				Παρθένου			
μ°	ἀναφ		ωρ χρ ξ ξ		ἀναφ		ωρ χρ ξ ξ		ἀναφ		ωρ χρ ξ ξ	
α	ρπα	ς	ι	λς	σιγ	ιη	ιε	μβ	σμγ	ζ	ιγ	ιγ
β	ρπβ	ιβ	ι	μθ	σιδ	κ	ιε	μς	σμδ	δ	ιβ	νη
γ	ρπγ	ιη	ια	β	σιε	κβ	ιε	να	σμε	α	ιβ	μδ
δ	ρπδ	κδ	ια	ιε	σις	κδ	ιε	νε	σμε	νη	ιβ	κθ
ε	ρπε	λ	ια	κη	σιζ	κς	ιε	νθ	σμς	νε	ιβ	ιδ
ς	ρπς	λε	ια	μβ	σιη	κη	ις	γ	σμζ	να	ια	νθ
ζ	ρπζ	μ	ια	νε	σιθ	κθ	ις	θ	σμη	μζ	ια	με
η	ρπη	με	ιβ	ζ	σκ	λ	ις	ιε	σμθ	μγ	ια	λ
θ	ρπθ	ν	ιβ	κ	σκα	λα	ις	κα	σν	λθ	ια	ις
ι	ρϟ	νε	ιβ	λβ	σκβ	λβ	ις	ιε	σνα	λε	ια	α
ια	ρϟβ	ō	ιβ	με	σκγ	λβ	ις	θ	σνβ	λα	ι	μς
ιβ	ρϟγ	ε	ιβ	νζ	σκδ	λβ	ις	β	σνγ	κζ	ι	λα
ιγ	ρϟδ	ι	ιγ	η	σκε	λβ	ιε	νς	σνδ	κγ	ι	ιε
ιδ	ρϟε	ιε	ιγ	ιθ	σκς	λβ	ιε	μθ	σνε	ιθ	θ	νη
ιε	ρϟς	κ	ιγ	λ	σκζ	λβ	ιε	μβ	σνς	ιε	θ	μβ
ις	ρϟζ	κε	ιγ	μα	σκη	λβ	ιε	λε	σνζ	ι	θ	κε
ιζ	ρϟη	λ	ιγ	νβ	σκθ	λβ	ιε	κζ	σνη	ε	θ	θ
ιη	ρϟθ	λδ	ιδ	γ	σλ	λβ	ιε	ιθ	σνθ	ō	η	νβ
ιθ	σ	λη	ιδ	ιβ	σλα	λα	ιε	ια	σνθ	νε	η	λς
κ	σα	μβ	ιδ	κ	σλβ	λ	ιε	β	σξ	ν	η	ιθ
κα	σβ	μς	ιδ	κθ	σλγ	κη	ιδ	νδ	σξα	με	η	β
κβ	σγ	ν	ιδ	λζ	σλδ	κς	ιδ	με	σξβ	μ	ζ	με
κγ	σδ	νδ	ιδ	με	σλε	κδ	ιδ	λς	σξγ	λε	ζ	κη
κδ	σε	νη	ιδ	νγ	σλς	κβ	ιδ	κζ	σξδ	λ	ζ	ια
κε	σζ	α	ιε	α	σλζ	κ	ιδ	ιζ	σξε	κε	ς	νε
κς	ση	δ	ιε	η	σλη	ιη	ιδ	ζ	σξς	κ	ς	λθ
κζ	σθ	ζ	ιε	ις	σλθ	ιζ	ιγ	νζ	σξζ	ιε	ς	κγ
κη	σι	ι	ιε	κγ	σμ	ιδ	ιγ	μζ	σξη	ι	ς	ς
κθ	σια	ιγ	ιε	λ	σμα	ιβ	ιγ	λζ	σξθ	ε	ε	ν
λ	σιβ	ις	ιε	λζ	σμβ	ι	ιγ	κζ	σο	ō	ε	λδ
	λβ	ις			κθ	νδ			κζ	ν		

[6] ὀρθὴ σφαῖρα σὺνμεσουρανημα^{τ} *scripsit* F

[7] πανταχή] *accentum servavi sicut* F

A1 (IV) : **Ascensions de la sphère droite** (F, f. 56v)

Tit : ὀρθὴ σφαῖρα σὺν μεσουρανήματι πανταχή.[8]

♎	Ζυγοῦ				Σκορπίου				Τοξότου			
μοι	ἀναφ		ωρ χρ ξ ξ		ἀναφ		ωρ χρ ξ ξ		ἀναφ		ωρ χρ ξ ξ	
α	σο	νε	ε	ιη	σϟη	μη	ō	ō	τκη	μζ	δ	λς
β	σοα	ν	ε	β	σϟθ	μς	ō	ō	τκθ	ν	ε	ō
γ	σοβ	με	δ	μζ	τ	μδ	ō	ō	τλ	νγ	ε	κγ
δ	σογ	μ	δ	λα	τα	μβ	ō	α	τλα	νς	ε	μζ
ε	σοδ	λε	δ	ις	τβ	μ	ō	α	τλβ	νθ	ς	ι
ς	σοε	λ	δ	ō	τγ	λη	ō	β	τλδ	β	ς	λδ
ζ	σος	κε	γ	με	τδ	λς	ō	γ	τλε	ς	ς	νθ
η	σοζ	κ	γ	λ	τε	λδ	ō	δ	τλς	ι	ζ	κδ
θ	σοη	ιε	γ	ιε	τς	λβ	ō	ε	τλζ	ιδ	ζ	μθ
ι	σοθ	ι	γ	ō	τζ	λ	ō	ς	τλη	ιη	η	ιε
ια	σπ	ε	β	με	τη	κθ	ō	ιδ	τλθ	κβ	η	μ
ιβ	σπα	ō	β	λα	τθ	κη	ō	κβ	τμ	κς	θ	ς
ιγ	σπα	νε	β	ιθ	τι	κη	ō	λ	τμα	λ	θ	λδ
ιδ	σπβ	ν	β	η	τια	κη	ō	λθ	τμβ	λε	ι	γ
ιε	σπγ	με	α	νη	τιβ	κη	ō	μζ	τμγ	μ	ι	λα
ις	σπδ	μα	α	μη	τιγ	κη	ō	νς	τμδ	με	ια	ō
ιζ	σπε	λζ	α	λη	τιδ	κη	α	δ	τμε	ν	ια	κθ
ιη	σπς	λγ	α	κη	τιε	κη	α	ιγ	τμς	νε	ια	νη
ιθ	σπζ	κθ	α	ιη	τις	κη	α	κς	τμη	ō	ιβ	κη
κ	σπη	κε	α	θ	τιζ	κη	α	μ	τμθ	ε	ιβ	νθ
κα	σπθ	κα	α	α	τιη	κθ	α	νγ	τν	ι	ιγ	κθ
κβ	σϟ	ιζ	ō	νγ	τιθ	λ	β	ζ	τνα	ιε	ιδ	ō
κγ	σϟα	ιγ	ō	με	τκ	λα	β	κα	τνβ	κ	ιδ	λα
κδ	σϟβ	θ	ō	λζ	τκα	λβ	β	λε	τνγ	κε	ιε	β
κε	σϟγ	ε	ō	λα	τκβ	λδ	β	να	τνδ	λ	ιε	λγ
κς	σϟδ	β	ō	κδ	τκγ	λς	γ	ζ	τνε	λς	ις	δ
κζ	σϟδ[9]	νθ	ō	ιη	τκδ	λη	γ	κγ	τνς	μβ	ις	λε
κη	σϟε	νς	ō	ιβ	τκε	μ	γ	μ	τνζ	μη	ιζ	ς
κθ	σϟς	νγ	ō	ς	τκς	μβ	γ	νς	τνη	νδ	ιζ	λζ
λ	σϟζ	ν	ō	ō	τκζ	μδ	δ	ιγ	τξ	ō	ιη	θ
	κζ	ν			κθ	νδ			λβ	ις		

[8] πανταχή] *accentum servavi sicut* F

[9] σϟδ] -δ *post correctionem ut videtur* F

A2, 1 (I) : ascensions obliques, 1er climat (Méroé)

(F, f. 57)

Tit : Κλίμα α τὸ διὰ Μερόης[10] ωρ ιγ μοι ις λε κζ

σ	Κριοῦ				Ταύρου[11]				Διδύμων			
μοι	ἀναφ		ωº χº ξ ξ		ἀναφ		ωº χº ξ ξ		ἀναφ		ωº χº ξ ξ	
α	ō	μζ	ιε	α	κε	ια	ιε	λς	νβ	κγ	ις	δ
β	α	λδ	ιε	β	κς	β	ιε	λζ	νγ	κβ	ις	ε
γ	β	κα	ιε	δ	κς	νγ	ιε	λη	νδ	κα	ις	ε
δ	γ	ι	ιε	ε	κζ	μδ	ιε	λθ	νε	κ	ις	ς
ε	γ	νη	ιε	ς	κη	λς	ιε	μ	νς	κ	ις	ς
ς	δ	μς	ιε	ζ	κθ	κη	ιε	μα	νζ	κ	ις	ζ
ζ	ε	λδ	ιε	η	λ	κ	ιε	μβ	νη	κ	ις	η
η	ς	κβ	ιε	ι	λα	ιβ	ιε	μδ	νθ	κ	ις	η
θ	ζ	ι	ιε	ια	λβ	δ	ιε	με	ξ	κ	ις	θ
ι	ζ	νη	ιε	ιβ	λβ	νς	ιε	μς	ξα	κ	ις	ι
ια	η	μς	ιε	ιγ	λγ	ν	ιε	μζ	ξβ	κβ	ις	ι
ιβ	θ	λδ	ιε	ιδ	λδ	μδ	ιε	μη	ξγ	κδ	ις	ι
ιγ	ι	κβ	ιε	ιε	λε	λη	ιε	μθ	ξδ	κς	ις	ια
ιδ	ια	ι	ιε	ιζ	λς	λβ	ιε	ν	ξε	κη	ις	ια
ιε	ια	νη	ιε	ιη	λζ	κς	ιε	να	ξς	λ	ις	ιβ
ις	ιβ	μζ	ιε	ιθ	λη	κ	ιε	να	ξζ	λβ	ις	ιβ
ιζ	ιγ	λς	ιε	κ	λθ	ιδ	ιε	νβ	ξη	λδ	ις	ιβ
ιη	ιδ	κε	ιε	κα	μ	η	ιε	νγ	ξθ	λς	ις	ιγ
ιθ	ιε	ιδ	ιε	κβ	μα	β	ιε	νδ	ο	λθ	ις	ιγ
κ	ις	γ	ιε	κδ	μα	νς	ιε	νε	οα	μγ	ις	ιγ
κα	ις	νβ	ιε	κε	μβ	νγ	ιε	νς	οβ	μζ	ις	ιδ
κβ	ιζ	μα	ιε	κς	μγ	μθ	ιε	νζ	ογ	να	ις	ιδ
κγ	ιη	λ	ιε	κζ	μδ	με	ιε	νη	οδ	νε	ις	ιδ
κδ	ιθ	κ	ιε	κη	με	μβ	ιε	νθ	ος	ō	ις	ιδ
κε	κ	ι	ιε	κθ	μς	λθ	ιε	νθ	οζ	ε	ις	ιδ
κς	κα	ō	ιε	λ	μζ	λς	ις	ō	οη	ι	ις	ιδ
κζ	κα	ν	ιε	λβ	μη	λγ	ις	α	οθ	ιε	ις	ιε
κη	κβ	μ	ιε	λγ	μθ	λ	ις	β	π	κ	ις	ιε
κθ	κγ	λ	ιε	λδ	ν	κζ	ις	γ	πα	κε	ις	ιε
λ	κδ	κ	ιε	λε	να	κδ	ις	γ	πβ	λ	ις	ιε
	κδ	κ			κζ	δ			λα	ς		

[10] Κλιμα α το δια Μερόης *scripsit* F

[11] Ταυρου F

A2, 1 (II) : ascensions obliques, 1er climat (Méroé)

(F, f. 57v)

Tit : Κλίμα α τὸ διὰ Μερόης[12] ωρ ιγ μοι ις λε κζ

σ	Καρκίνου				Λέοντος				Παρθένου			
μοι	ἀναφ		ωρ χρ ξ ξ		ἀναφ		ωρ χρ ξ ξ		ἀναφ		ωρ χρ ξ ξ	
α	πγ	λς	ις	ιε	ριζ	γ	ις	γ	ρμθ	μδ	ιε	λδ
β	πδ	μβ	ις	ιε	ριη	ι	ις	β	ρν	μη	ιε	λγ
γ	πε	μη	ις	ιε	ριθ	ιζ	ις	α	ρνα	νβ	ιε	λβ
δ	πς	νδ	ις	ιδ	ρκ	κδ	ις	ō	ρνβ	νε	ιε	λ
ε	πη	ō	ις	ιδ	ρκα	λα	ιε	νθ	ρνγ	νη	ιε	κθ
ς	πθ	ς	ις	ιδ	ρκβ	λζ	ιε	νθ	ρνε	α	ιε	κη
ζ	ϟ	ιβ	ις	ιδ	ρκγ	μγ	ιε	νη	ρνς	δ	ιε	κζ
η	ϟα	ιθ	ις	ιδ	ρκδ	μθ	ιε	νζ	ρνζ	ζ	ιε	κς
θ	ϟβ	κς	ις	ιδ	ρκε	νε	ιε	νς	ρνη	ι	ιε	κε
ι	ϟγ	λγ	ις	ιγ	ρκζ	α	ιε	νε	ρνθ	ιγ	ιε	κδ
ια	ϟδ	μ	ις	ιγ	ρκη	ζ	ιε	νδ	ρξ	ις	ιε	κβ
ιβ	ϟε	μζ	ις	ιγ	ρκθ	ιγ	ιε	νγ	ρξα	ιθ	ιε	κα
ιγ	ϟς	νδ	ις	ιβ	ρλ	ιθ	ιε	νβ	ρξβ	κβ	ιε	κ
ιδ	ϟη	α	ις	ιβ	ρλα	κε	ιε	να	ρξγ	κε	ιε	ιθ
ιε	ϟθ	η	ις	ιβ	ρλβ	λα	ιε	να	ρξδ	κη	ιε	ιη
ις	ρ	ιε	ις	ια	ρλγ	λς	ιε	ν	ρξε	λα	ιε	ιζ
ιζ	ρα	κβ	ις	ια	ρλδ	μα	ιε	μθ	ρξς	λδ	ιε	ιε
ιη	ρβ	κθ	ις	ι	ρλε	μς	ιε	μη	ρξζ	λς	ιε	ιδ
ιθ	ργ	λς	ις	ι	ρλς	να	ιε	μζ	ρξη	λη	ιε	ιγ
κ	ρδ	μδ	ις	ι	ρλζ	νς	ιε	μς	ρξθ	μ	ιε	ιβ
κα	ρε	νβ	ις	θ	ρλθ	α	ιε	με	ρο	μβ	ιε	ια
κβ	ρζ	ō	ις	η	ρμ	ς	ιε	μδ	ροα	μδ	ιε	ι
κγ	ρη	ζ	ις	η	ρμα	ια	ιε	μγ	ροβ	μς	ιε	η
κδ	ρθ	ιδ	ις	ζ	ρμβ	ις	ιε	μβ	ρογ	μη	ιε	ζ
κε	ρι	κα	ις	ς	ρμγ	κ	ιε	μα	ροδ	ν	ιε	ς
κς	ρια	κη	ις	ς	ρμδ	κδ	ιε	μ	ροε	νβ	ιε	ε
κζ	ριβ	λε	ις	ε	ρμε	κη	ιε	λθ	ρος	νδ	ιε	δ
κη	ριγ	μβ	ις	ε	ρμς	λβ	ιε	λη	ροζ	νς	ιε	β
κθ	ριδ	μθ	ις	δ	ρμζ	λς	ιε	λς	ροη	νη	ιε	α
λ	ριε	νς	ις	γ	ρμη	μ	ιε	λε	ρπ	ō	ιε	ō
	λγ	κς			λβ	μδ			λα	κ		

[12] Κλιμα α το δια Μερόης *scripsit* F

A2, 1 (III) : ascensions obliques, 1er climat (Méroé)

(F, f. 58)

Tit : Κλίμα α τὸ διὰ Μερόης[13] ω^{ρ} ιγ μ^{οι} ις λ$_{ε}$ κζ

♎	Ζυγοῦ				Σκορπίου				Τοξότου			
μ^{οι}	ἀναφ		ω^{ρ} χ^{ρ} ξ ξ		ἀναφ		ω^{ρ} χ^{ρ} ξ ξ		ἀναφ		ω^{ρ} χ^{ρ} ξ ξ	
α	ρπα	β	ιδ	νθ	σιβ	κδ	ιδ	κδ	σμε	ια	ιγ	νς
β	ρπβ	δ	ιδ	νη	σιγ	κη	ιδ	κγ	σμς	ιη	ιγ	νε
γ	ρπγ	ς	ιδ	νς	σιδ	λβ	ιδ	κβ	σμζ	κε	ιγ	νε
δ	ρπδ	η	ιδ	νε	σιε	λς	ιδ	κα	σμη	λβ	ιγ	νδ
ε	ρπε	ι	ιδ	νδ	σις	μ	ιδ	κ	σμθ	λθ	ιγ	νδ
ς	ρπς	ιβ	ιδ	νγ	σιζ	μδ	ιδ	ιθ	σν	μς	ιγ	νγ
ζ	ρπζ	ιδ	ιδ	νβ	σιη	μθ	ιδ	ιη	σνα	νγ	ιγ	νβ
η	ρπη	ις	ιδ	ν	σιθ	νδ	ιδ	ις	σνγ	ō	ιγ	νβ
θ	ρπθ	ιη	ιδ	μθ	σκ	νθ	ιδ	ιε	σνδ	η	ιγ	να
ι	ρϟ	κ	ιδ	μη	σκβ	δ	ιδ	ιδ	σνε	ις	ιγ	ν
ια	ρϟα	κβ	ιδ	μζ	σκγ	θ	ιδ	ιγ	σνς	κδ	ιγ	ν
ιβ	ρϟβ	κδ	ιδ	μς	σκδ	ιδ	ιδ	ιβ	σνζ	λα	ιγ	ν
ιγ	ρϟγ	κς	ιδ	με	σκε	ιθ	ιδ	ια	σνη	λη	ιγ	μθ
ιδ	ρϟδ	κη	ιδ	μγ	σκς	κδ	ιδ	ι	σνθ	με	ιγ	μθ
ιε	ρϟε	λ	ιδ	μβ	σκζ	κθ	ιδ	θ	σξ	νβ	ιγ	μη
ις	ρϟς	λβ	ιδ	μα	σκη	λε	ιδ	θ	σξα	νθ	ιγ	μη
ιζ	ρϟζ	λδ	ιδ	μ	σκθ	μα	ιδ	η	σξγ	ς	ιγ	μη
ιη	ρϟη	λη	ιδ	λθ	σλ	μζ	ιδ	ζ	σξδ	ιγ	ιγ	μζ
ιθ	ρϟθ	μγ	ιδ	λη	σλα	νγ	ιδ	ς	σξε	κ	ιγ	μζ
κ	σ	μζ	ιδ	λς	σλβ	νθ	ιδ	ε	σξς	κζ	ιγ	μζ
κα	σα	ν	ιδ	λε	σλδ	ε	ιδ	δ	σξζ	λδ	ιγ	μς
κβ	σβ	νγ	ιδ	λδ	σλε	ια	ιδ	γ	σξη	μα	ιγ	μς
κγ	σγ	νς	ιδ	λγ	σλς	ιζ	ιδ	β	σξθ	μη	ιγ	μς
κδ	σδ	νθ	ιδ	λβ	σλζ	κγ	ιδ	α	σο	νδ	ιγ	μς
κε	σς	β	ιδ	λα	σλη	κθ	ιδ	α	σοβ	ō	ιγ	με
κς	σζ	ε	ιδ	λ	σλθ	λς	ιδ	ō	σογ	ς	ιγ	με
κζ	ση	η	ιδ	κη	σμ	μγ	ιγ	νθ	σοδ	ιβ	ιγ	με
κη	σθ	ιβ	ιδ	κζ	σμα	ν	ιγ	νη	σοε	ιη	ιγ	με
κθ	σι	ις	ιδ	κς	σμβ	νζ	ιγ	νζ	σος	κδ	ιγ	με
λ	σια	κ	ιδ	κε	σμδ	δ	ιγ	νζ	σοζ	λ	ιγ	με
	λα	κ			λβ	μδ			λγ	κς		

[13] Κλιμα α το δια Μερόης *scripsit* F

A2, 1 (IV) : ascensions obliques, 1er climat (Méroé)

(F, f. 58v)

Tit : Κλίμα α τὸ διὰ Μερόης[14] ωρ ιγ μοι ις λε κζ

♂	Αἰγοκέρου				Ὑδριχόου				Ἰχθύων			
μοι	ἀναφ		ωρ χρ ξ ξ		ἀναφ		ωρ χρ ξ ξ		ἀναφ		ωρ χρ ξ ξ	
α	σοη	λε	ιγ	με	τθ	λγ	ιγ	νζ	τλς	α	ιδ	κς
β	σοθ	μ	ιγ	με	τι	λ	ιγ	νη	τλζ	κ	ιδ	κζ
γ	σπ	με	ιγ	με	τια	κζ	ιγ	νθ	τλη	ι	ιδ	κη
δ	σπα	ν	ιγ	μς	τιβ	κδ	ιδ	ō	τλθ	ō	ιδ	λ
ε	σπβ	νε	ιγ	μς	τιγ	κα	ιδ	α	τλθ	ν	ιδ	λα
ς	σπδ	ō	ιγ	μς	τιδ	ιη	ιδ	α	τμ	μ	ιδ	λβ
ζ	σπε	ε	ιγ	μς	τιε	ιε	ιδ	β	τμα	λ	ιδ	λγ
η	σπς	θ	ιγ	μς	τις	ια	ιδ	γ	τμβ	ιθ	ιδ	λδ
θ	σπζ	ιγ	ιγ	μς	τιζ	ζ	ιδ	δ	τμγ	η	ιδ	λε
ι	σπη	ιζ	ιγ	μζ	τιη	γ	ιδ	ε	τμγ	νζ	ιδ	λς
ια	σπθ	κ	ιγ	μζ	τιη	νη	ιδ	ς	τμδ	μς	ιδ	λη
ιβ	ρϘ	κγ	ιγ	μζ	τιθ	νβ	ιδ	ζ	τμε	λε	ιδ	λθ
ιγ	ρϘα	κς	ιγ	μη	τκ	μς	ιδ	η	τμς	κδ	ιδ	μ
ιδ	ρϘβ	κη	ιγ	μη	τκα	μ	ιδ	θ	τμζ	ιγ	ιδ	μα
ιε	ρϘγ	λ	ιγ	μη	τκβ	λδ	ιδ	θ	τμη	β	ιδ	μβ
ις	ρϘδ	λβ	ιγ	μθ	τκγ	κη	ιδ	ι	τμη	ν	ιδ	μγ
ιζ	ρϘε	λδ	ιγ	μθ	τκδ	κβ	ιδ	ια	τμθ	λη	ιδ	με
ιη	ρϘς	λς	ιγ	ν	τκε	ις	ιδ	ιβ	τν	κς	ιδ	μς
ιθ	ρϘζ	λη	ιγ	ν	τκς	ι	ιδ	ιγ	τνα	ιδ	ιδ	μζ
κ	ρϘη	μ	ιγ	ν	τκζ	δ	ιδ	ιδ	τνβ	β	ιδ	μη
κα	ρϘθ	μβ	ιγ	να	τκζ	νς	ιδ	ιε	τνβ	ν	ιδ	μθ
κβ	τ	μ	ιγ	νβ	τκη	μη	ιδ	ις	τνγ	λη	ιδ	ν
κγ	τα	μ	ιγ	νβ	τκθ	μ	ιδ	ιζ	τνδ	κς	ιδ	νβ
κδ	τβ	μ	ιγ	νγ	τλ	λβ	ιδ	ιη	τνε	ιδ	ιδ	νγ
κε	τγ	μ	ιγ	νδ	τλα	κδ	ιδ	ιθ	τνς	β	ιδ	νδ
κς	τδ	μ	ιγ	νδ	τλβ	ις	ιδ	κ	τνς	ν	ιδ	νε
κζ	τε	λθ	ιγ	νε	τλγ	ζ	ιδ	κα	τνζ	λη	ιδ	νς
κη	τς	λη	ιγ	νε	τλγ	νη	ιδ	κβ	τνη	κς	ιδ	νη
κθ	τζ	λζ	ιγ	νς	τλδ	μθ	ιδ	κδ	τνθ	ιγ	ιδ	νθ
λ	τη	λς	ιγ	νζ	τλε	μ	ιδ	κε	τξ	ō	ιε	ō
	λα	ς			κζ	δ			κδ			

[14] Κλιμα α το δια Μερόης *scripsit* F

A2, 2 (I) : ascensions obliques, 2e climat (Syène)

(F, f. 59)

Tit : Κλίμα β τὸ διὰ Σοήνης[15] ωϱ ιγ̈ μοι κγ λε να

♂	Κριοῦ				Ταύρου				Διδύμων			
μοι	ἀναφ		ωϱ χϱ ξ ξ		ἀναφ		ωϱ χϱ ξ ξ		ἀναφ		ωϱ χϱ ξ ξ	
α	ō	μδ	ιε	β	κγ	κε	ιε	νδ	μθ	ιβ	ις	λς
β	α	κη	ιε	δ	κδ	ιγ	ιε	νε	ν	θ	ις	λζ
γ	β	ιβ	ιε	ε	κε	α	ιε	νζ	να	ς	ις	λη
δ	β	νς	ιε	ζ	κε	μθ	ιε	νθ	νβ	γ	ις	λθ
ε	γ	μ	ιε	θ	κς	λζ	ις	ō	νγ	α	ις	μ
ς	δ	κδ	ιε	ια	κζ	κε	ις	β	νγ	νθ	ις	μα
ζ	ε	η	ιε	ιβ	κη	ιδ	ις	γ	νδ	νζ	ις	μβ
η	ε	νγ	ιε	ιδ	κθ	γ	ις	ε	νε	νε	ις	μγ
θ	ς	λη	ιε	ις	κθ	νβ	ις	ζ	νς	νγ	ις	μδ
ι	ζ	κγ	ιε	ιη	λ	μα	ις	η	νζ	να	ις	με
ια	η	η	ιε	ιθ	λα	λβ	ις	θ	νη	νβ	ις	με
ιβ	η	νγ	ιε	κα	λβ	κγ	ις	ια	νθ	νγ	ις	μς
ιγ	θ	λη	ιε	κγ	λγ	ιδ	ις	ιγ	ξ	νδ	ις	μς
ιδ	ι	κγ	ιε	κε	λδ	ε	ις	ιδ	ξα	νε	ις	μζ
ιε	ια	η	ιε	κζ	λδ	νς	ις	ιε	ξβ	νς	ις	μζ
ις	ια	νγ	ιε	κη	λε	μζ	ις	ιζ	ξγ	νζ	ις	μη
ιζ	ιβ	λη	ιε	λ	λς	λη	ις	ιη	ξδ	νη	ις	μθ
ιη	ιγ	κγ	ιε	λβ	λζ	κθ	ις	κ	ξε	νθ	ις	μθ
ιθ	ιδ	η	ιε	λδ	λη	κ	ις	κα	ξζ	ō	ις	ν
κ	ιδ	νγ	ιε	λε	λθ	ια	ις	κγ	ξη	β	ις	ν
κα	ιε	λθ	ιε	λζ	μ	ς	ις	κδ	ξθ	ς	ις	να
κβ	ις	κε	ιε	λθ	μα	ō	ις	κε	ο	ι	ις	να
κγ	ιζ	ια	ιε	μ	μα	νδ	ις	κς	οα	ιδ	ις	να
κδ	ιζ	νζ	ιε	μβ	μβ	μη	ις	κη	οβ	ιη	ις	νβ
κε	ιη	μγ	ιε	μδ	μγ	μβ	ις	κθ	ογ	κβ	ις	νβ
κς	ιθ	κθ	ιε	με	μδ	λς	ις	λ	οδ	κς	ις	νβ
κζ	κ	ις	ιε	μζ	με	λ	ις	λα	οε	λ	ις	νβ
κη	κα	γ	ιε	μθ	μς	κε	ις	λβ	ος	λθ	ις	νβ
κθ	κα	ν	ιε	ν	μζ	κ	ις	λδ	οζ	μ	ις	νβ
λ	κβ	λζ	ιε	νβ	μη	ιε	ις	λε	οη	με	ις	νβ
	κβ	λζ			κε	λ			λ	λ		

[15] Κλιμα β το δια Σοηνης *scripsit* F

A2, 2 (II) : ascensions obliques, 2e climat (Syène)

(F, f. 59v)

Tit : Κλίμα β τὸ διὰ Σοήνης[16] ωρ ιγ̀ μοι κγ λε να

♂	Καρκίνου				Λέοντος				Παρθένου			
μοι	ἀναφ		ωρ χρ ξ ξ		ἀναφ		ωρ χρ ξ ξ		ἀναφ		ωρ χρ ξ ξ	
α	οθ	να	ις	νβ	ριγ	νς	ις	λδ	ρμη	δ	ιε	ν
β	π	νζ	ις	νβ	ριε	ε	ις	λβ	ρμθ	ια	ιε	μθ
γ	πβ	γ	ις	νβ	ρις	ιδ	ις	λα	ρν	ιη	ιε	μζ
δ	πγ	ι	ις	νβ	ριζ	κγ	ις	λ	ρνα	κε	ιε	με
ε	πδ	ιζ	ις	νβ	ριη	λβ	ις	κθ	ρνβ	λβ	ιε	μδ
ς	πε	κδ	ις	να	ριθ	μα	ις	κη	ρνγ	λη	ιε	μβ
ζ	πς	λα	ις	να	ρκ	ν	ις	κς	ρνδ	μδ	ιε	μ
η	πζ	λη	ις	να	ρκα	νθ	ις	κε	ρνε	ν	ιε	λθ
θ	πη	με	ις	να	ρκγ	η	ις	κδ	ρνς	νς	ιε	λζ
ι	πθ	νβ	ις	ν	ρκδ	ιζ	ις	κγ	ρνη	β	ιε	λε
ια	Ϛα	ō	ις	ν	ρκε	κε	ις	κα	ρνθ	η	ιε	λδ
ιβ	Ϛβ	η	ις	μθ	ρκς	λε	ις	κ	ρξ	ιδ	ιε	λβ
ιγ	Ϛγ	ις	ις	μθ	ρκζ	μδ	ις	ιη	ρξα	κ	ιε	λ
ιδ	Ϛδ	κδ	ις	μη	ρκη	νγ	ις	ιζ	ρξβ	κς	ιε	κη
ιε	Ϛε	λβ	ις	μζ	ρλ	α	ις	ιε	ρξγ	λβ	ιε	κζ
ις	Ϛς	μ	ις	μζ	ρλα	θ	ις	ιδ	ρξδ	λη	ιε	κε
ιζ	Ϛζ	μη	ις	μς	ρλβ	ιζ	ις	ιγ	ρξε	μδ	ιε	κγ
ιη	Ϛη	νζ	ις	μς	ρλγ	κε	ις	ια	ρξς	ν	ιε	κα
ιθ	ρ	ς	ις	με	ρλδ	λγ	ις	θ	ρξζ	νς	ιε	ιθ
κ	ρα	ιε	ις	μδ	ρλε	μα	ις	η	ρξθ	β	ιε	ιη
κα	ρβ	κδ	ις	μδ	ρλς	μθ	ις	ζ	ρο	η	ιε	ις
κβ	ργ	λγ	ις	μγ	ρλζ	νζ	ις	ε	ροα	ιδ	ιε	ιδ
κγ	ρδ	μβ	ις	μβ	ρλθ	ε	ις	γ	ροβ	κ	ιε	ιβ
κδ	ρε	να	ις	μα	ρμ	ιγ	ις	β	ρογ	κς	ιε	ια
κε	ρζ	α	ις	μ	ρμα	κα	ις	ō	ροδ	λβ	ιε	θ
κς	ρη	ια	ις	λθ	ρμβ	κθ	ιε	νθ	ροε	λη	ιε	ζ
κζ	ρθ	κ	ις	λη	ρμγ	λς	ιε	νζ	ρος	μδ	ιε	ε
κη	ρι	κθ	ις	λζ	ρμδ	μγ	ιε	νε	ροζ	ν	ιε	δ
κθ	ρια	λη	ις	λς	ρμε	ν	ιε	νδ	ροη	νε	ιε	β
λ	ριβ	μζ	ις	λε	ρμς	νζ	ιε	νβ	ρπ	ō	ιε	ō
	λδ	β			λδ	ν			λγ	γ		

[16] Κλιμα β το δια Σοηνης *scripsit* F

A2, 2 (III) : ascensions obliques, 2e climat (Syène)

(F, f. 60)

Tit : Κλίμα β τὸ διὰ Σοήνης[17] ωϱ ιγ̀̀ μοι κγ λε να

♂	Ζυγοῦ				Σκορπίου				Τοξότου			
μοι	ἀναφ		ωϱ χϱ ξ ξ		ἀναφ		ωϱ χϱ ξ ξ		ἀναφ		ωϱ χϱ ξ ξ	
α	ρπα	ε	ιδ	νη	σιδ	ι	ιδ	ς	σμη	κβ	ιγ	κδ
β	ρπβ	ι	ιδ	νς	σιε	ιζ	ιδ	ε	σμθ	λα	ιγ	κγ
γ	ρπγ	ις	ιδ	νε	σις	κδ	ιδ	γ	σν	μ	ιγ	κβ
δ	ρπδ	κβ	ιδ	νγ	σιζ	λα	ιδ	α	σνα	μθ	ιγ	κα
ε	ρπε	κη	ιδ	να	σιη	λθ	ιδ	ō	σνβ	νθ	ιγ	κ
ς	ρπς	λδ	ιδ	μθ	σιθ	μζ	ιγ	νη	σνδ	θ	ιγ	ιθ
ζ	ρπζ	μ	ιδ	μη	σκ	νε	ιγ	νζ	σνε	ιη	ιγ	ιη
η	ρπη	μς	ιδ	μς	σκβ	γ	ιγ	νε	σνς	κζ	ιγ	ιζ
θ	ρπθ	νβ	ιδ	μδ	σκγ	ια	ιγ	νγ	σνζ	λς	ιγ	ις
ι	ρϟ	νη	ιδ	μβ	σκδ	ιθ	ιγ	νβ	σνη	με	ιγ	ιε
ια	ρϟβ	δ	ιδ	μα	σκε	κζ	ιγ	να	σνθ	νδ	ιγ	ιε
ιβ	ρϟγ	ι	ιδ	λθ	σκς	λε	ιγ	μθ	σξα	γ	ιγ	ιδ
ιγ	ρϟδ	ις	ιδ	λζ	σκζ	μγ	ιγ	μζ	σξβ	ιβ	ιγ	ιδ
ιδ	ρϟε	κβ	ιδ	λε	σκη	να	ιγ	μς	σξγ	κ	ιγ	ιγ
ιε	ρϟς	κη	ιδ	λγ	σκθ	νθ	ιγ	με	σξδ	κη	ιγ	ιγ
ις	ρϟζ	λδ	ιδ	λβ	σλα	ζ	ιγ	μγ	σξε	λς	ιγ	ιβ
ιζ	ρϟη	μ	ιδ	λ	σλβ	ις	ιγ	μβ	σξς	μδ	ιγ	ια
ιη	ρϟθ	μς	ιδ	κη	σλγ	κε	ιγ	μ	σξζ	νβ	ιγ	ια
ιθ	σ	νβ	ιδ	κς	σλδ	λδ	ιγ	λθ	σξθ	ō	ιγ	ι
κ	σα	νη	ιδ	κε	σλε	μγ	ιγ	λζ	σο	η	ιγ	ι
κα	σγ	δ	ιδ	κγ	σλς	νβ	ιγ	λς	σοα	ιε	ιγ	θ
κβ	σδ	ι	ιδ	κα	σλη	α	ιγ	λε	σοβ	κβ	ιγ	θ
κγ	σε	ις	ιδ	κ	σλθ	ι	ιγ	λδ	σογ	κθ	ιγ	θ
κδ	σς	κβ	ιδ	ιη	σμ	ιθ	ιγ	λβ	σοδ	λς	ιγ	θ
κε	σζ	κη	ιδ	ις	σμα	κη	ιγ	λα	σοε	μγ	ιγ	η
κς	ση	λε	ιδ	ιε	σμβ	λζ	ιγ	λ	σος	ν	ιγ	η
κζ	σθ	μβ	ιδ	ιγ	σμγ	μς	ιγ	κθ	σοζ	νζ	ιγ	η
κη	σι	μθ	ιδ	ια	σμδ	νε	ιγ	κη	σοθ	γ	ιγ	η
κθ	σια	νς	ιδ	ι	σμς	δ	ιγ	κς	σπ	θ	ιγ	η
λ	σιγ	γ	ιδ	η	σμζ	ιγ	ιγ	κε	σπα	ιε	ιγ	η
	λγ	γ			λδ	ι			λγ	β		

[17] Κλιμα β το δια Σοηνης *scripsit* F

A2, 2 (IV) : ascensions obliques, 2e climat (Syène)

(F, f. 60v)

Tit : Κλίμα β τὸ διὰ Σοήνης[18] ωρ ιγ < μοι κγ λε να

♑	Αἰγοκέρου				Ὑδριχόου				Ἰχθύων			
μοι	ἀναφ		ωρ χρ ξ ξ		ἀναφ		ωρ χρ ξ ξ		ἀναφ		ωρ χρ ξ ξ	
α	σπβ	κ	ιγ	η	τιβ	μ	ιγ	κς	τλη	ι	ιδ	ι
β	σπγ	κε	ιγ	η	τιγ	λε	ιγ	κη	τλη	νζ	ιδ	ια
γ	σπδ	λ	ιγ	η	τιδ	λ	ιγ	κθ	τλθ	μδ	ιδ	ιγ
δ	σπε	λδ	ιγ	η	τιε	κδ	ιγ	λ	τμ	λα	ιδ	ιε
ε	σπς	λη	ιγ	η	τις	ιη	ιγ	λα	τμα	ιζ	ιδ	ις
ς	σπζ	μβ	ιγ	θ	τιζ	ιβ	ιγ	λβ	τμβ	γ	ιδ	ιη
ζ	σπη	μς	ιγ	θ	τιη	ς	ιγ	λδ	τμβ	μθ	ιδ	κ
η	σπθ	ν	ιγ	θ	τιθ	ō	ιγ	λε	τμγ	λε	ιδ	κα
θ	σϞ	νδ	ιγ	θ	τιθ	νδ	ιγ	λς	τμδ	κα	ιδ	κγ
ι	σϞα	νη	ιγ	ι	τκ	μη	ιγ	λζ	τμε	ζ	ιδ	κε
ια	σϞγ	ō	ιγ	ι	τκα	μ	ιγ	λθ	τμε	νβ	ιδ	κς
ιβ	σϞδ	α	ιγ	ια	τκβ	λα	ιγ	μ	τμς	λζ	ιδ	κη
ιγ	σϞε	β	ιγ	ια	τκγ	κβ	ιγ	μβ	τμζ	κβ	ιδ	λ
ιδ	σϞς	γ	ιγ	ιβ	τκδ	ιγ	ιγ	μγ	τμη	ζ	ιδ	λβ
ιε	σϞζ	δ	ιγ	ιγ	τκε	δ	ιγ	με	τμη	νβ	ιδ	λγ
ις	σϞη	ε	ιγ	ιγ	τκε	νε	ιγ	μς	τμθ	λζ	ιδ	λε
ιζ	σϞθ	ς	ιγ	ιδ	τκς	μς	ιγ	μζ	τν	κβ	ιδ	λζ
ιη	τ	ζ	ιγ	ιδ	τκζ	λζ	ιγ	μθ	τνα	ζ	ιδ	λθ
ιθ	τα	η	ιγ	ιε	τκη	κη	ιγ	να	τνα	νβ	ιδ	μα
κ	τβ	θ	ιγ	ις	τκθ	ιθ	ιγ	νβ	τνβ	λζ	ιδ	μβ
κα	τγ	ζ	ιγ	ις	τλ	η	ιγ	νγ	τνγ	κβ	ιδ	μδ
κβ	τδ	ε	ιγ	ιζ	τλ	νζ	ιγ	νε	τνδ	ζ	ιδ	μς
κγ	τε	γ	ιγ	ιη	τλα	μς	ιγ	νζ	τνδ	νβ	ιδ	μη
κδ	τς	α	ιγ	ιθ	τλβ	λε	ιγ	νη	τνε	λς	ιδ	μθ
κε	τς	νθ	ιγ	κ	τλγ	κγ	ιδ	ō	τνς	κ	ιδ	να
κς	τζ	νζ	ιγ	κα	τλδ	ια	ιδ	α	τνζ	δ	ιδ	νγ
κζ	τη	νδ	ιγ	κβ	τλδ	νθ	ιδ	γ	τνζ	μη	ιδ	νε
κη	τθ	να	ιγ	κγ	τλε	μη	ιδ	ε	τνη	λβ	ιδ	νς
κθ	τι	μη	ιγ	κδ	τλς	λς	ιδ	ς	τνθ	ις	ιδ	νη
λ	τια	με	ιγ	κε	τλζ	κγ	ιδ	η	τξ	ō	ιε	ō
	λ	λ			κε	λη			κβ	λζ		

[18] Κλιμα β το δια Σοήνης *scripsit* F

A2, 3 (I) : ascensions obliques, 3e climat (Basse Égypte)

(F, f. 61)

Tit : Κλίμα γ τὸ διὰ τῆς Κάτω Χώρας[19] ωρ ιδ μοι λ λ$_{ε}$ κβ

♂	Κριοῦ				Ταύρου				Διδύμων			
μοι	ἀναφ		ωρ χρ ξ ξ		ἀναφ		ωρ χρ ξ ξ		ἀναφ		ωρ χρ ξ ξ	
α	ō	μ	ιε	β	κα	λη	ις	ιβ	μς	ō	ιζ	η
β	α	κ	ιε	ε	κβ	κγ	ις	ιδ	μς	νε	ιζ	θ
γ	β	α	ιε	ζ	κγ	η	ις	ις	μζ	ν	ιζ	ι
δ	β	μβ	ιε	θ	κγ	νγ	ις	ιη	μη	μς	ιζ	ιβ
ε	γ	κγ	ιε	ιβ	κδ	λη	ις	κ	μθ	μβ	ιζ	ιγ
ς	δ	δ	ιε	ιδ	κε	κγ	ις	κβ	ν	λη	ιζ	ιδ
ζ	δ	με	ιε	ιζ	κς	η	ις	κδ	να	λδ	ιζ	ιε
η	ε	κς	ιε	ιθ	κς	νδ	ις	κς	νβ	λ	ιζ	ιζ
θ	ς	ζ	ιε	κα	κζ	μ	ις	κθ	νγ	κς	ιζ	ιη
ι	ς	μη	ιε	κδ	κη	κζ	ις	λα	νδ	κβ	ιζ	ιθ
ια	ζ	κθ	ιε	κς	κθ	ιδ	ις	λγ	νε	κβ	ιζ	κ
ιβ	η	ι	ιε	κη	λ	β	ις	λε	νς	κβ	ιζ	κα
ιγ	η	να	ιε	λα	λ	ν	ις	λς	νζ	κβ	ιζ	κβ
ιδ	θ	λβ	ιε	λγ	λα	λη	ις	λη	νη	κβ	ιζ	κβ
ιε	ι	ιγ	ιε	λε	λβ	κς	ις	μ	νθ	κβ	ιζ	κγ
ις	ι	νε	ιε	λη	λγ	ιδ	ις	μβ	ξ	κβ	ιζ	κδ
ιζ	ια	λζ	ιε	μ	λδ	β	ις	μδ	ξα	κβ	ιζ	κε
ιη	ιβ	ιθ	ιε	μβ	λδ	ν	ις	μς	ξβ	κβ	ιζ	κς
ιθ	ιγ	α	ιε	με	λε	λθ	ις	μη	ξγ	κβ	ιζ	κζ
κ	ιγ	μγ	ιε	μζ	λς	κη	ις	ν	ξδ	κβ	ιζ	κζ
κα	ιδ	κς	ιε	μθ	λζ	ιθ	ις	νβ	ξε	κε	ιζ	κη
κβ	ιε	θ	ιε	να	λη	ι	ις	νγ	ξς	κη	ιζ	κη
κγ	ιε	νβ	ιε	νδ	λθ	α	ις	νε	ξζ	λβ	ιζ	κη
κδ	ις	λε	ιε	νς	λθ	νγ	ις	νζ	ξη	λς	ιζ	κη
κε	ιζ	ιη	ιε	νη	μ	με	ις	νη	ξθ	μ	ιζ	κθ
κς	ιη	α	ις	ō	μα	λζ	ιζ	ō	ο	μδ	ιζ	κθ
κζ	ιη	μδ	ις	γ	μβ	κθ	ιζ	β	οα	μη	ιζ	κθ
κη	ιθ	κζ	ις	ε	μγ	κα	ιζ	γ	οβ	νβ	ιζ	κθ
κθ	κ	ι	ις	ζ	μδ	ιγ	ιζ	ε	ογ	νε	ιζ	λ
λ	κ	νγ	ις	θ	με	ε	ιζ	ς	οε	ō	ιζ	λ
	κ	νγ			κδ	ιβ				νε		

[19] Κλιμα γ τὸ δια τῆς Κάτω Χώρας *scripsit* F

A2, 3 (II) : ascensions obliques, 3e climat (Basse Égypte)

(F, f. 61v)

Tit : Κλίμα γ τὸ διὰ τῆς Κάτω Χώρας[20] ωρ ιδ μοι λ λε κβ

♂	Καρκίνου				Λέοντος				Παρθένου			
μοι	ἀναφ		ωρ χρ ξ ξ		ἀναφ		ωρ χρ ξ ξ		ἀναφ		ωρ χρ ξ ξ	
α	ος	ζ	ιζ	λ	ρι	ν	ιζ	ε	ρμς	κγ	ις	ζ
β	οζ	ιδ	ιζ	κθ	ριβ	β	ιζ	γ	ρμζ	λγ	ις	ε
γ	οη	κα	ιζ	κθ	ριγ	ιδ	ιζ	β	ρμη	μγ	ις	γ
δ	οθ	κη	ιζ	κθ	ριδ	κς	ιζ	ō	ρμθ	νγ	ις	ō
ε	π	λε	ιζ	κθ	ριε	λη	ις	νη	ρνα	γ	ιε	νη
ς	πα	μβ	ιζ	κη	ρις	ν	ις	νζ	ρνβ	ιγ	ιε	νς
ζ	πβ	μθ	ιζ	κη	ριη	β	ις	νε	ρνγ	κγ	ιε	νδ
η	πγ	νς	ιζ	κη	ριθ	ιδ	ις	νγ	ρνδ	λγ	ιε	να
θ	πε	γ	ιζ	κη	ρκ	κε	ις	νβ	ρνε	μγ	ιε	μθ
ι	πς	ιβ	ιζ	κζ	ρκα	λς	ις	ν	ρνς	νγ	ιε	μζ
ια	πζ	κα	ιζ	κζ	ρκβ	μζ	ις	μη	ρνη	γ	ιε	με
ιβ	πη	λ	ιζ	κς	ρκγ	νη	ις	μς	ρνθ	ιγ	ιε	μβ
ιγ	πθ	λθ	ιζ	κε	ρκε	θ	ις	μδ	ρξ	κγ	ιε	μ
ιδ	ϟ	μη	ιζ	κδ	ρκς	κ	ις	μβ	ρξα	λγ	ιε	λη
ιε	ϟα	νζ	ιζ	κγ	ρκζ	λα	ις	μ	ρξβ	μγ	ιε	λε
ις	ϟγ	ς	ιζ	κβ	ρκη	μβ	ις	λη	ρξγ	νγ	ιε	λγ
ιζ	ϟδ	ις	ιζ	κβ	ρκθ	νγ	ις	λς	ρξε	γ	ιε	λα
ιη	ϟε	κς	ιζ	κα	ρλα	δ	ις	λε	ρξς	ιβ	ιε	κη
ιθ	ϟς	λς	ιζ	κ	ρλβ	ιε	ις	λγ	ρξζ	κα	ιε	κς
κ	ϟζ	μς	ιζ	ιθ	ρλγ	κς	ις	λα	ρξη	λ	ιε	κδ
κα	ϟη	νζ	ιζ	ιη	ρλδ	λζ	ις	κθ	ρξθ	λθ	ιε	κα
κβ	ρ	η	ιζ	ιζ	ρλε	μη	ις	κς	ρο	μη	ιε	ιθ
κγ	ρα	ιθ	ιζ	ιε	ρλς	νθ	ις	κδ	ροα	νζ	ιε	ιζ
κδ	ρβ	λ	ιζ	ιδ	ρλη	ι	ις	κβ	ρογ	ς	ιε	ιδ
κε	ργ	μα	ιζ	ιγ	ρλθ	κα	ις	κ	ροδ	ιε	ιε	ιβ
κς	ρδ	νβ	ιζ	ιβ	ρμ	λβ	ις	ιη	ροε	κδ	ιε	θ
κζ	ρς	γ	ιζ	ι	ρμα	μγ	ις	ις	ρος	λγ	ιε	ζ
κη	ρζ	ιδ	ιζ	θ	ρμβ	νγ	ις	ιδ	ροζ	μβ	ιε	ε
κθ	ρη	κς	ιζ	η	ρμδ	γ	ις	ιβ	ροη	να	ιε	β
λ	ρθ	λζ	ιζ	ς	ρμε	ιγ	ις	θ	ρπ	ō	ιε	ō
	λδ	λζ			λε	λς			λδ	μζ		

---

[20] Κλιμα γ το δια τῆς Κατω Χώρας *scripsit* F

A2, 3 (III) : ascensions obliques, 3e climat (Basse Égypte)

(F, f. 62)

Tit : Κλίμα γ τὸ διὰ τῆς Κάτω Χώρας[21] ωρ ιδ μοι λ λε κβ

♂	Ζυγοῦ				Σκορπίου				Τοξότου			
μοι	ἀναφ		ωρ χρ ξ ξ		ἀναφ		ωρ χρ ξ ξ		ἀναφ		ωρ χρ ξ ξ	
α	ρπα	θ	ιδ	νη	σιε	νζ	ιγ	μη	σνα	λδ	ιβ	νβ
β	ρπβ	ιη	ιδ	νε	σιζ	ζ	ιγ	μς	σνβ	μς	ιβ	να
γ	ρπγ	κζ	ιδ	νγ	σιη	ιζ	ιγ	μδ	σνγ	νζ	ιβ	ν
δ	ρπδ	λς	ιδ	να	σιθ	κη	ιγ	μβ	σνε	η	ιβ	μη
ε	ρπε	με	ιδ	μη	σκ	λθ	ιγ	μ	σνς	ιθ	ιβ	μζ
ς	ρπς	νδ	ιδ	μς	σκα	ν	ιγ	λη	σνζ	λ	ιβ	μς
ζ	ρπη	γ	ιδ	μγ	σκγ	α	ιγ	λς	σνη	μα	ιβ	με
η	ρπθ	ιβ	ιδ	μα	σκδ	ιβ	ιγ	λδ	σνθ	νβ	ιβ	μγ
θ	ρϙ	κα	ιδ	λθ	σκε	κγ	ιγ	λα	σξα	γ	ιβ	μβ
ι	ρϙα	λ	ιδ	λς	σκς	λδ	ιγ	κθ	σξβ	ιδ	ιβ	μα
ια	ρϙβ	λθ	ιδ	λδ	σκζ	με	ιγ	κζ	σξγ	κδ	ιβ	μ
ιβ	ρϙγ	μη	ιδ	λβ	σκη	νς	ιγ	κε	σξδ	λδ	ιβ	λθ
ιγ	ρϙδ	νζ	ιδ	κθ	σλ	ζ	ιγ	κδ	σξε	μδ	ιβ	λη
ιδ	ρϙς	ζ	ιδ	κζ	σλα	ιη	ιγ	κβ	σξς	νδ	ιβ	λη
ιε	ρϙζ	ιζ	ιδ	κε	σλβ	κθ	ιγ	κ	σξη	γ	ιβ	λζ
ις	ρϙη	κζ	ιδ	κβ	σλγ	μ	ιγ	ιη	σξθ	ιβ	ιβ	λς
ιζ	ρϙθ	λζ	ιδ	κ	σλδ	να	ιγ	ις	σο	κα	ιβ	λε
ιη	σ	μζ	ιδ	ιη	σλς	β	ιγ	ιδ	σοα	λ	ιβ	λδ
ιθ	σα	νζ	ιδ	ιε	σλζ	ιγ	ιγ	ιβ	σοβ	λθ	ιβ	λγ
κ	σγ	ζ	ιδ	ιγ	σλη	κδ	ιγ	ι	σογ	μη	ιβ	λγ
κα	σδ	ιζ	ιδ	ια	σλθ	λε	ιγ	η	σοδ	νς	ιβ	λβ
κβ	σε	κζ	ιδ	θ	σμ	μς	ιγ	ζ	σος	δ	ιβ	λβ
κγ	σς	λζ	ιδ	ς	σμα	νη	ιγ	ε	σοζ	ια	ιβ	λβ
κδ	σζ	μζ	ιδ	δ	σμγ	ι	ιγ	γ	σοη	ιη	ιβ	λβ
κε	ση	νζ	ιδ	β	σμδ	κβ	ιγ	β	σοθ	κε	ιβ	λα
κς	σι	ζ	ιδ	ō	σμε	λδ	ιγ	ō	σπ	λβ	ιβ	λα
κζ	σια	ιζ	ιγ	νζ	σμς	μς	ιβ	νη	σπα	λθ	ιβ	λα
κη	σιβ	κζ	ιγ	νε	σμζ	νη	ιβ	νζ	σπβ	μς	ιβ	λα
κθ	σιγ	λζ	ιγ	νγ	σμθ	ι	ιβ	νε	σπγ	νγ	ιβ	λ
λ	σιδ	μζ	ιγ	να	σν	κγ	ιβ	νδ	σπε	ō	ιβ	λ
	λδ	μζ			λε	λς			λδ	λζ		

[21] Κλιμα γ τὸ διὰ τῆς Κάτω Χώρας *scripsit* F

A2, 3 (IV) : ascensions obliques, 3e climat (Basse Égypte)

(F, f. 62v)

Tit : Κλίμα γ τὸ διὰ τῆς Κάτω Χώρας[22] ωρ ιδ μοι λ λε κβ

♑	Αἰγοκέρου				Ὑδριχόου				Ἰχθύων			
μοι	ἀναφ		ωρ χρ ξ ξ		ἀναφ		ωρ χρ ξ ξ		ἀναφ		ωρ χρ ξ ξ	
α	σπς	δ	ιβ	λ	τιε	μζ	ιβ	νε	τλθ	ν	ιγ	νγ
β	σπζ	η	ιβ	λα	τις	λθ	ιβ	νζ	τμ	λγ	ιγ	νε
γ	σπη	ιβ	ιβ	λα	τιζ	λα	ιβ	νη	τμα	ις	ιγ	νζ
δ	σπθ	ις	ιβ	λα	τιη	κγ	ιγ	ō	τμα	νθ	ιδ	ō
ε	σϟ	κ	ιβ	λα	τιθ	ιε	ιγ	β	τμβ	μβ	ιδ	β
ς	σϟα	κδ	ιβ	λβ	τκ	ζ	ιγ	γ	τμγ	κε	ιδ	δ
ζ	σϟβ	κη	ιβ	λβ	τκ	νθ	ιγ	ε	τμδ	η	ιδ	ς
η	σϟγ	λβ	ιβ	λβ	τκα	ν	ιγ	ζ	τμδ	να	ιδ	θ
θ	σϟδ	λε	ιβ	λβ	τκβ	μα	ιγ	η	τμε	λδ	ιδ	ια
ι	σϟε	λη	ιβ	λγ	τκγ	λβ	ιγ	ι	τμς	ιζ	ιδ	ιγ
ια	σϟς	λη	ιβ	λγ	τκδ	κγ	ιγ	ιβ	τμς	νθ	ιδ	ιε
ιβ	σϟζ	λη	ιβ	λδ	τκε	ι	ιγ	ιδ	τμζ	μα	ιδ	ιη
ιγ	σϟη	λη	ιβ	λε	τκε	νη	ιγ	ις	τμη	κγ	ιδ	κ
ιδ	σϟθ	λη	ιβ	λς	τκς	μς	ιγ	ιη	τμθ	ε	ιδ	κβ
ιε	τ	λη	ιβ	λζ	τκζ	λδ	ιγ	κ	τμθ	μζ	ιδ	κε
ις	τα	λη	ιβ	λη	τκη	κβ	ιγ	κβ	τν[23]	κη	ιδ	κζ
ιζ	τβ	λη	ιβ	λη	τκθ	ι	ιγ	κδ	τνα	θ	ιδ	κθ
ιη	τγ	λη	ιβ	λθ	τκθ	νη	ιγ	κε	τνα	ν	ιδ	λβ
ιθ	τδ	λη	ιβ	μ	τλ	μς	ιγ	κζ	τνβ	λα	ιδ	λδ
κ	τε	λη	ιβ	μα	τλα	λδ	ιγ	κθ	τνγ	ιβ	ιδ	λς
κα	τς	λδ	ιβ	μβ	τλβ	κβ	ιγ	λα	τνγ	νγ	ιδ	λθ
κβ	τζ	λ	ιβ	μγ	τλγ	ς	ιγ	λδ	τνδ	λδ	ιδ	μα
κγ	τη	κς	ιβ	με	τλγ	νβ	ιγ	λς	τνε	ιε	ιδ	μγ
κδ	τθ	κβ	ιβ	μς	τλδ	λζ	ιγ	λη	τνε	νς	ιδ	μς
κε	τι	ιη	ιβ	μζ	τλε	κβ	ιγ	μ	τνς	λζ	ιδ	μη
κς	τια	ιδ	ιβ	μη	τλς	ζ	ιγ	μβ	τνζ	ιη	ιδ	να
κζ	τιβ	ι	ιβ	ν	τλς	νβ	ιγ	μδ	τνζ	νθ	ιδ	νγ
κη	τιγ	ε	ιβ	να	τλζ	λζ	ιγ	μς	τνη	λε	ιδ	νε
κθ	τιδ	ō	ιβ	νβ	τλη	κβ	ιγ	μη	τνθ	κ	ιδ	νη
λ	τιδ	νε	ιβ	νδ	τλθ	ζ	ιγ	να	τξ	ō	ιε	ō
	κθ	νε			κδ	ιβ			κ	νγ		

[22] Κλιμα γ τὸ διὰ τῆς Κάτω Χώρας *scripsit* F

[23] τν] *primum scripserat* τνα *ut videtur; -α erasit* F

A2, 4 (I) : ascensions obliques, 4e climat (Rhodes)

(F, f. 63)

Tit : Κλίμα δ τὸ διὰ Ῥόδου[24] ωϱ ιδ < μοι λς

♂	Κϱιοῦ				Ταύϱου				Διδύμων			
μοι	ἀναφ		ωϱ χϱ ξ ξ		ἀναφ		ωϱ χϱ ξ ξ		ἀναφ		ωϱ χϱ ξ ξ	
α	ō	λζ	ιε	γ	ιθ	νδ	ις	κθ	μβ	να	ιζ	λθ
β	α	ιδ	ιε	ς	κ	λς	ις	λβ	μγ	μδ	ιζ	μα
γ	α	να	ιε	θ	κα	ιη	ις	λδ	μδ	λζ	ιζ	μγ
δ	β	κη	ιε	ιβ	κβ	ō	ις	λζ	με	λ	ιζ	μδ
ε	γ	ε	ιε	ιε	κβ	μβ	ις	μ	μς	κδ	ιζ	μς
ς	γ	μβ	ιε	ιη	κγ	κδ	ις	μβ	μζ	ιη	ιζ	μζ
ζ	δ	κ	ιε	κ	κδ	ς	ις	με	μη	ιβ	ιζ	μθ
η	δ	νη	ιε	κγ	κδ	μη	ις	μη	μθ	ς	ιζ	να
θ	ε	λς	ιε	κς	κε	λ	ις	ν	ν	ō	ιζ	νβ
ι	ς	ιδ	ιε	κθ	κς	ιγ	ις	νγ	να	νδ	ιζ	νδ
ια	ς	νβ	ιε	λβ	κς	νη	ις	νε	να	νβ	ιζ	νε
ιβ	ζ	λ	ιε	λε	κζ	μγ	ις	νη	νβ	ν	ιζ	νς
ιγ	η	η	ιε	λη	κη	κη	ιζ	ō	νγ	μζ	ιζ	νζ
ιδ	η	μς	ιε	μα	κθ	ιγ	ιζ	γ	νδ	μς	ιζ	νη
ιε	θ	κδ	ιε	μδ	κθ	νη	ιζ	ε	νε	μς	ιζ	νθ
ις	ι	β	ιε	μζ	λ	μγ	ιζ	ζ	νς	με	ιη	ō
ιζ	ι	μ	ιε	ν	λα	κη	ιζ	ι	νζ	μδ	ιη	α
ιη	ια	ιη	ιε	νβ	λβ	ιγ	ιζ	ιβ	νη	μγ	ιη	β
ιθ	ια	νς	ιε	νε	λγ	ō	ιζ	ιε	νθ	μβ	ιη	γ
κ	ιβ	λε	ιε	νη	λγ	μς	ιζ	ιζ	ξ	μα	ιη	δ
κα	ιγ	ιδ	ις	α	λδ	λε	ιζ	ιθ	ξα	μδ	ιη	δ
κβ	ιγ	νγ	ις	δ	λε	κδ	ιζ	κα	ξβ	μζ	ιη	ε
κγ	ιδ	λβ	ις	ζ	λς	ιγ	ιζ	κγ	ξγ	ν	ιη	ε
κδ	ιε	ιβ	ις	ι	λζ	β	ιζ	κε	ξδ	νγ	ιη	ε
κε	ιε	νβ	ις	ιβ	λζ	να	ιζ	κζ	ξε	νς	ιη	ς
κς	ις	λβ	ις	ιε	λη	μ	ιζ	λ	ξς	νθ	ιη	ς
κζ	ιζ	ιβ	ις	ιη	λθ	κθ	ιζ	λβ	ξη	γ	ιη	ς
κη	ιζ	νβ	ις	κα	μ	ιη	ιζ	λδ	ξθ	ζ	ιη	ζ
κθ	ιη	λβ	ις	κδ	μα	η	ιζ	λς	ο	ια	ιη	ζ
λ	ιθ	ιβ	ις	κς	μα	νη	ιζ	λη	οα	ιε	ιη	ζ
	ιθ	ιβ			κβ	μς			κθ	ιζ		

[24] Κλιμα δ τὸ διὰ Ῥόδου *scripsit* F

A2, 4 (II) : ascensions obliques, 4ᵉ climat (Rhodes)

(F, f. 63ᵛ)

Tit : Κλίμα δ τὸ διὰ ῾Ρόδου[25] ωᵒ ιδ < μοι λς

σ	Καρκίνου				Λέοντος				Παρθένου			
μοι	ἀναφ		ωᵒ χᵒ ξ ξ		ἀναφ		ωᵒ χᵒ ξ ξ		ἀναφ		ωᵒ χᵒ ξ ξ	
α	οβ	κβ	ιη	ζ	ϙζ	μδ	ιζ	λς	ϙμδ	μζ	ις	κδ
β	ογ	κθ	ιη	ζ	ϙη	νη	ιζ	λδ	ϙμς	ō	ις	κα
γ	οδ	λς	ιη	ς	ϙι	ιβ	ιζ	λβ	ϙμζ	ιγ	ις	ιη
δ	οε	μγ	ιη	ς	ϙια	κς	ιζ	λ	ϙμη	κς	ις	ιε
ε	ος	να	ιη	ς	ϙιβ	μ	ιζ	κζ	ϙμθ	λθ	ις	ιβ
ς	οζ	νθ	ιη	ε	ϙιγ	νδ	ιζ	κε	ϙν	νβ	ις	ι
ζ	οθ	ζ	ιη	ε	ϙιε	η	ιζ	κγ	ϙνβ	ε	ις	ζ
η	π	ιε	ιη	ε	ϙις	κβ	ιζ	κα	ϙνγ	ιη	ις	δ
θ	πα	κγ	ιη	δ	ϙιζ	λς	ιζ	ιθ	ϙνδ	λα	ις	α
ι	πβ	λα	ιη	δ	ϙιη	ν	ιζ	ιζ	ϙνε	μδ	ιε	νη
ια	πγ	μα	ιη	δ	ϙκ	ε	ιζ	ιε	ϙνς	νζ	ιε	νε
ιβ	πδ	να	ιη	β	ϙκα	κ	ιζ	ιβ	ϙνη	ι	ιε	νβ
ιγ	πς	α	ιη	α	ϙκβ	λε	ιζ	ι	ϙνθ	κγ	ιε	ν
ιδ	πζ	ιβ	ιη	ō	ϙκγ	μθ	ιζ	ζ	ϙξ	λς	ιε	μζ
ιε	πη	κγ	ιζ	νθ	ϙκε	γ	ιζ	ε	ϙξα	μθ	ιε	μδ
ις	πθ	λδ	ιζ	νη	ϙκς	ιζ	ιζ	γ	ϙξγ	β	ιε	μα
ιζ	ϟ	με	ιζ	νζ	ϙκζ	λα	ιζ	ō	ϙξδ	ιε	ιε	λη
ιη	ϟα	νς	ιζ	νς	ϙκη	με	ις	νη	ϙξε	κη	ιε	λε
ιθ	ϟγ	ζ	ιζ	νε	ϙκθ	νθ	ις	νε	ϙξς	μα	ιε	λβ
κ	ϟδ	ιη	ιζ	νδ	ϙλα	ιγ	ις	νγ	ϙξζ	νδ	ιε	κθ
κα	ϟε	λα	ιζ	νβ	ϙλβ	κζ	ις	ν	ϙξθ	ζ	ιε	κς
κβ	ϟς	μδ	ιζ	να	ϙλγ	μα	ις	μη	ϙο	κ	ιε	κγ
κγ	ϟζ	νζ	ιζ	μθ	ϙλδ	νε	ις	με	ϙοα	λγ	ιε	κ
κδ	ϟθ	ι	ιζ	μζ	ϙλς	θ	ις	μβ	ϙοβ	μς	ιε	ιη
κε	ϙ	κγ	ιζ	μς	ϙλζ	κγ	ις	μ	ϙογ	νθ	ιε	ιε
κς	ϙα	λς	ιζ	μδ	ϙλη	λζ	ις	λζ	ϙοε	ιβ	ιε	ιβ
κζ	ϙβ	μθ	ιζ	μγ	ϙλθ	να	ις	λδ	ϙος	κδ	ιε	θ
κη	ϙδ	β	ιζ	μα	ϙμα	ε	ις	λβ	ϙοζ	λς	ιε	ς
κθ	ϙε	ις	ιζ	λθ	ϙμβ	ιθ	ις	κθ	ϙοη	μη	ιε	γ
λ	ϙς	λ	ιζ	λη	ϙμγ	λγ	ις	κς	ϙπ	ō	ιε	ō
	λε	ιε			λζ	γ			λς	κζ		

[25] Κλιμα δ τὸ διὰ ῾Ρόδου *scripsit* F

A2, 4 (III) : ascensions obliques, 4e climat (Rhodes)

(F, f. 64)

Tit : Κλίμα δ τὸ διὰ Ῥόδου[26] ωϱ ιδ < μοι λς

♂	Ζυγοῦ				Σκορπίου				Τοξότου			
μοι	ἀναφ		ωϱ χϱ ξ ξ		ἀναφ		ωϱ χϱ ξ ξ		ἀναφ		ωϱ χϱ ξ ξ	
α	ϱπα	ιβ	ιδ	νζ	σιζ	μα	ιγ	λα	σνδ	μδ	ιβ	κα
β	ϱπβ	κδ	ιδ	νδ	σιη	νε	ιγ	κη	σνε	νη	ιβ	ιθ
γ	ϱπγ	λς	ιδ	να	σκ	θ	ιγ	κς	σνζ	ιβ	ιβ	ιζ
δ	ϱπδ	μη	ιδ	μη	σκα	κγ	ιγ	κγ	σνη	κδ	ιβ	ις
ε	ϱπς	α	ιδ	με	σκβ	λζ	ιγ	κ	σνθ	λζ	ιβ	ιδ
ς	ϱπζ	ιδ	ιδ	μβ	σκγ	να	ιγ	ιη	σξ	ν	ιβ	ιγ
ζ	ϱπη	κζ	ιδ	μ	σκε	ε	ιγ	ιε	σξβ	γ	ιβ	ια
η	ϱπθ	μ	ιδ	λζ	σκς	ιθ	ιγ	ιβ	σξγ	ις	ιβ	θ
θ	ϱϟ	νγ	ιδ	λδ	σκζ	λγ	ιγ	ι	σξδ	κθ	ιβ	η
ι	ϱϟβ	ς	ιδ	λα	σκη	μζ	ιγ	ζ	σξε	μβ	ιβ	ς
ια	ϱϟγ	ιθ	ιδ	κη	σλ	α	ιγ	ε	σξς	νγ	ιβ	ε
ιβ	ϱϟδ	λβ	ιδ	κε	σλα	ιε	ιγ	β	σξη	δ	ιβ	δ
ιγ	ϱϟε	με	ιδ	κβ	σλβ	κθ	ιγ	ō	σξθ	ιε	ιβ	γ
ιδ	ϱϟς	νη	ιδ	ιθ	σλγ	μγ	ιβ	νζ	σο	κς	ιβ	β
ιε	ϱϟη	ια	ιδ	ις	σλδ	νζ	ιβ	νε	σοα	λζ	ιβ	α
ις	ϱϟθ	κδ	ιδ	ιγ	σλς	ια	ιβ	νγ	σοβ	μη	ιβ	ō
ιζ	σ	λζ	ιδ	ι	σλζ	κε	ιβ	ν	σογ	νθ	ια	νθ
ιη	σα	ν	ιδ	η	σλη	μ	ιβ	μη	σοε	θ	ια	νη
ιθ	σγ	γ	ιδ	ε	σλθ	νε	ιβ	με	σος	ιθ	ια	νζ
κ	σδ	ις	ιδ	β	σμα	ι	ιβ	μγ	σοζ	κθ	ια	νς
κα	σε	κθ	ιγ	νθ	σμβ	κδ	ιβ	μα	σοη	λθ	ια	νς
κβ	σς	μβ	ιγ	νς	σμγ	λη	ιβ	λθ	σοθ	μζ	ια	νε
κγ	σζ	νε	ιγ	νγ	σμδ	νβ	ιβ	λζ	σπ	νδ	ια	νε
κδ	σθ	η	ιγ	ν	σμς	ς	ιβ	λε	σπβ	α	ια	νε
κε	σι	κα	ιγ	μη	σμζ	κ	ιβ	λγ	σπγ	θ	ια	νδ
κς	σια	λδ	ιγ	με	σμη	λδ	ιβ	λ	σπδ	ιζ	ια	νδ
κζ	σιβ	μζ	ιγ	μβ	σμθ	μη	ιβ	κη	σπε	κδ	ια	νδ
κη	σιδ	ō	ιγ	λθ	σνα	β	ιβ	κς	σπς	λα	ια	νγ
κθ	σιε	ιγ	ιγ	λς	σνβ	ις	ιβ	κδ	σπζ	λη	ια	νγ
λ	σις	κζ	ιγ	λδ	σνγ	λ	ιβ	κβ	σπη	με	ια	νγ
	λς	κζ			λζ	γ			λε	ιε		

[26] Κλιμα δ τὸ διὰ Ῥόδου *scripsit* F

A2, 4 (IV) : ascensions obliques, 4[e] climat (Rhodes)

(F, f. 64[v])

Tit : Κλίμα δ τὸ διὰ Ῥόδου[27] ωρ ιδ < μοι λς

♑	Αἰγοκέρου				Ὑδριχόου				Ἰχθύων			
μοι	ἀναφ		ωρ χρ ξ ξ		ἀναφ		ωρ χρ ξ ξ		ἀναφ		ωρ χρ ξ ξ	
α	σπθ	μθ	ια	νγ	τιη	νβ	ιβ	κδ	τμα	κη	ιγ	λς
β	σϘ	νγ	ια	νγ	τιθ	μβ	ιβ	κς	τμβ	η	ιγ	λθ
γ	σϘα	νζ	ια	νδ	τκ	λα	ιβ	κη	τμβ	μη	ιγ	μβ
δ	σϘγ	α	ια	νδ	τκα	κ	ιβ	λ	τμγ	κη	ιγ	με
ε	σϘδ	δ	ια	νδ	τκβ	θ	ιβ	λγ	τμδ	ζ	ιγ	μη
ς	σϘε	ζ	ια	νε	τκβ	νη	ιβ	λε	τμδ	μς	ιγ	ν
ζ	σϘς	ι	ια	νε	τκγ	μζ	ιβ	λζ	τμε	κς	ιγ	νγ
η	σϘζ	ιγ	ια	νε	τκδ	λς	ιβ	λθ	τμς	ς	ιγ	νς
θ	σϘη	ις	ια	νς	τκε	κε	ιβ	μα	τμς	μς	ιγ	νθ
ι	σϘθ	ιθ	ια	νς	τκς	ιδ	ιβ	μς	τμζ	κε	ιδ	β
ια	τ	ιη	ια	νς	τκζ	ō	ιβ	με	τμη	δ	ιδ	ε
ιβ	τα	ιζ	ια	νη	τκζ	μς	ιβ	μη	τμη	μβ	ιδ	η
ιγ	τβ	ις	ια	νθ	τκη	λβ	ιβ	ν	τμθ	κ	ιδ	ι
ιδ	τγ	ιε	ιβ	ō	τκθ	ιζ	ιβ	νγ	τμθ	νη	ιδ	ιγ
ιε	τδ	ιδ	ιβ	α	τλ	β	ιβ	νε	τν	λς	ιδ	ις
ις	τε	ιγ	ιβ	β	τλ	μζ	ιβ	νζ	τνα	ιδ	ιδ	ιθ
ιζ	τς	ιβ	ιβ	γ	τλα	λβ	ιγ	ō	τνα	νβ	ιδ	κβ
ιη	τζ	ια	ιβ	δ	τλβ	ιζ	ιγ	β	τνβ	λ	ιδ	κε
ιθ	τη	η	ιβ	ε	τλγ	β	ιγ	ε	τνγ	η	ιδ	κη
κ	τθ	ς	ιβ	ς	τλγ	μζ	ιγ	ζ	τνγ	μς	ιδ	λα
κα	τι	ō	ιβ	η	τλδ	λ	ιγ	ι	τνδ	κδ	ιδ	λδ
κβ	τι	νδ	ιβ	θ	τλε	ιβ	ιγ	ιβ	τνε	β	ιδ	λζ
κγ	τια	μη	ιβ	ια	τλε	νδ	ιγ	ιε	τνε	μ	ιδ	μ
κδ	τιβ	μβ	ιβ	ιγ	τλς	λς	ιγ	ιη	τνς	ιη	ιδ	μβ
κε	τιγ	λς	ιβ	ιδ	τλζ	ιη	ιγ	κ	τνς	νε	ιδ	με
κς	τιδ	λ	ιβ	ις	τλη	ō	ιγ	κγ	τνζ	λβ	ιδ	μη
κζ	τιε	κγ	ιβ	ιζ	τλη	μβ	ιγ	κς	τνη	θ	ιδ	να
κη	τις	ις	ιβ	ιθ	τλθ	κδ	ιγ	κη	τνη	μς	ιδ	νδ
κθ	τιζ	θ	ιβ	κα	τμ	ς	ιγ	λα	τνθ	κγ	ιδ	νζ
λ	τιη	β	ιβ	κβ	τμ	μη	ιγ	λδ	τξ	ō	ιδ	ō
	κθ	ιζ			κβ	μς			ιθ	ιβ		

[27] Κλιμα δ τὸ διὰ Ῥόδου *scripsit* F

A2, 5 (I) : ascensions obliques, 5e climat (Hellespont)

(F, f. 65)

Tit : Κλίμα ε τὸ δι᾽ Ἑλλησπόντου[28] ωρ ιε μοι μ λε νς

σ	Κριοῦ				Ταύρου				Διδύμων			
μοι	ἀναφ		ωρ χρ ξ ξ		ἀναφ		ωρ χρ ξ ξ		ἀναφ		ωρ χρ ξ ξ	
α	ō	λδ	ιε	γ	ιη	ι	ις	μς	λθ	μα	ιη	ια
β	α	η	ιε	ζ	ιη	μθ	ις	μθ	μ	λγ	ιη	ιγ
γ	α	μβ	ιε	ι	ιθ	κη	ις	νγ	μα	κε	ιη	ιε
δ	β	ις	ιε	ιδ	κ	ζ	ις	νς	μβ	ιζ	ιη	ιζ
ε	β	ν	ιε	ιζ	κ	μς	ις	νθ	μγ	θ	ιη	ιη
ς	γ	κδ	ιε	κα	κα	κε	ιζ	β	μδ	α	ιη	κ
ζ	γ	νη	ιε	κδ	κβ	δ	ιζ	ε	μδ	νγ	ιη	κβ
η	δ	λβ	ιε	κζ	κβ	μγ	ιζ	η	με	με	ιη	κδ
θ	ε	ς	ιε	λα	κγ	κβ	ιζ	ιβ	μς	λζ	ιη	κς
ι	ε	μ	ιε	λε	κδ	α	ιζ	ιε	μζ	κθ	ιη	κη
ια	ς	ιδ	ιε	λη	κδ	μγ	ιζ	ιη	μη	κς	ιη	κθ
ιβ	ς	μη	ιε	μβ	κε	κε	ιζ	κα	μθ	κγ	ιη	λα
ιγ	ζ	κβ	ιε	με	κς	ζ	ιζ	κδ	ν	κ	ιη	λβ
ιδ	ζ	νζ	ιε	μθ	κς	μθ	ιζ	κς	να	ιζ	ιη	λγ
ιε	η	λβ	ιε	νβ	κζ	λα	ιζ	κθ	νβ	ιδ	ιη	λδ
ις	θ	ζ	ιε	νς	κη	ιγ	ιζ	λβ	νγ	ια	ιη	λς
ιζ	θ	μβ	ιε	νθ	κη	νς	ιζ	λε	νδ	η	ιη	λζ
ιη	ι	ιζ	ις	γ	κθ	λθ	ιζ	λη	νε	ε	ιη	λη
ιθ	ι	νβ	ις	ς	λ	κβ	ιζ	μα	νς	γ	ιη	λθ
κ	ια	κζ	ις	θ	λα	ε	ιζ	μδ	νζ	α	ιη	μ
κα	ιβ	γ	ις	ιγ	λα	να	ιζ	μς	νη	γ	ιη	μα
κβ	ιβ	λθ	ις	ις	λβ	λζ	ιζ	μθ	νθ	ς	ιη	μβ
κγ	ιγ	ιε	ις	κ	λγ	κγ	ιζ	να	ξ	θ	ιη	μγ
κδ	ιγ	να	ις	κγ	λδ	θ	ιζ	νδ	ξα	ιβ	ιη	μγ
κε	ιδ	κζ	ις	κς	λδ	νς	ιζ	νς	ξβ	ιε	ιη	μδ
κς	ιε	δ	ις	λ	λε	μγ	ιζ	νθ	ξγ	ιη	ιη	μδ
κζ	ιε	μα	ις	λγ	λς	λ	ιη	α	ξδ	κα	ιη	με
κη	ις	ιη	ις	λς	λζ	ιζ	ιη	δ	ξε	κδ	ιη	με
κθ	ις	νε	ις	μ	λη	δ	ιη	ς	ξς	κζ	ιη	μς
λ	ιζ	λβ	ις	μγ	λη	να	ιη	θ	ξζ	λ	ιη	μς
	ιζ	λβ			κα	ιθ			κη	λθ		

[28] Κλιμα ε τὸ δι᾽ Ελλησπόντου *scripsit* F

A2, 5 (II) : ascensions obliques, 5e climat (Hellespont)

(F, f. 65v)

Tit : Κλίμα ε τὸ δι᾽ Ἑλλησπόντου[29] ωρ ιε μοι μ λε νς

♂	Καρκίνου				Λέοντος				Παρθένου			
μοι	αναφ		ωρ χρ ξ ξ		αναφ		ωρ χρ ξ ξ		αναφ		ωρ χρ ξ ξ	
α	ξη	λη	ιη	με	ρδ	λθ	ιη	ς	ρμγ	ια	ις	μ
β	ξθ	μς	ιη	μδ	ρε	νε	ιη	δ	ρμδ	κη	ις	λς
γ	ο	νδ	ιη	μδ	ρζ	ια	ιη	α	ρμε	με	ις	λγ
δ	οβ	β	ιη	μγ	ρη	κζ	ιζ	νθ	ρμζ	β	ις	λ
ε	ογ	ι	ιη	μγ	ρθ	μδ	ιζ	νς	ρμη	ιθ	ις	κς
ς	οδ	ιη	ιη	μβ	ρια	α	ιζ	νδ	ρμθ	λς	ις	κγ
ζ	οε	κς	ιη	μβ	ριβ	ιη	ιζ	να	ρν	νβ	ις	κ
η	ος	λδ	ιη	μβ	ριγ	λθ	ιζ	μθ	ρνβ	η	ις	ις
θ	οζ	μβ	ιη	μα	ριδ	νβ	ιζ	μς	ρνγ	κδ	ις	ιγ
ι	οη	να	ιη	μ	ρις	θ	ιζ	μδ	ρνδ	μ	ις	θ
ια	π	γ	ιη	λθ	ριζ	κς	ιζ	μα	ρνε	νς	ις	ς
ιβ	πα	ιε	ιη	λη	ριη	μγ	ιζ	λη	ρνζ	ιβ	ις	γ
ιγ	πβ	κζ	ιη	λζ	ρκ	ō	ιζ	λε	ρνη	κη	ιε	νθ
ιδ	πγ	λθ	ιη	λζ	ρκα	ιζ	ιζ	λβ	ρνθ	μδ	ιε	νς
ιε	πδ	να	ιη	λδ	ρκβ	λδ	ιζ	κθ	ρξα	ō	ιε	νβ
ις	πς	γ	ιη	λγ	ρκγ	να	ιζ	κς	ρξβ	ις	ιε	μθ
ιζ	πζ	ιε	ιη	λβ	ρκε	η	ιζ	κδ	ρξγ	λβ	ιε	με
ιη	πη	κζ	ιη	λα	ρκς	κς	ιζ	κα	ρξδ	μη	ιε	μβ
ιθ	πθ	λθ	ιη	κθ	ρκζ	μδ	ιζ	ιη	ρξς	δ	ιε	λη
κ	ϙ	να	ιη	κη	ρκθ	β	ιζ	ιε	ρξζ	κ	ιε	λε
κα	ϙβ	η	ιη	κς	ρλ	κ	ιζ	ιβ	ρξη	λς	ιε	λα
κβ	ϙγ	κγ	ιη	κδ	ρλα	λη	ιζ	η	ρξθ	νβ	ιε	κη
κγ	ϙδ	λη	ιη	κβ	ρλβ	νε	ιζ	ε	ροα	η	ιε	κδ
κδ	ϙε	νγ	ιη	κ	ρλδ	ιβ	ιζ	β	ροβ	κδ	ιε	κα
κε	ϙζ	η	ιη	ιη	ρλε	κθ	ις	νθ	ρογ	μ	ιε	ιζ
κς	ϙη	κγ	ιη	ιζ	ρλς	μς	ις	νς	ροδ	νς	ιε	ιδ
κζ	ϙθ	λη	ιη	ιε	ρλη	γ	ις	νγ	ρος	ιβ	ιε	ι
κη	ρ	νγ	ιη	ιγ	ρλθ	κ	ις	μθ	ροζ	κη	ιε	ζ
κθ	ρβ	η	ιη	ια	ρμ	λζ	ις	μς	ροη	μδ	ιε	δ
λ	ργ	κγ	ιη	ιθ	ρμα	νδ	ις	μγ	ρπ	ō	ιε	ō
	λε	νγ			λη	λα			λη	ς		

[29] Κλιμα ε τὸ δι᾽ Ελλησπόντου *scripsit* F

A2, 5 (III) : ascensions obliques, 5e climat (Hellespont)

(F, f. 66)

Tit : Κλίμα ε τὸ δι' Ἑλλησπόντου[30] ωϱ ιε μοι μ λε νς

♂	Ζυγοῦ				Σκορπίου				Τοξότου			
μοι	ἀναφ		ωϱ χϱ ξ ξ		ἀναφ		ωϱ χϱ ξ ξ		ἀναφ		ωϱ χϱ ξ ξ	
α	ρπα	ις	ιδ	νζ	σιθ	κγ	ιγ	ιδ	σνζ	νβ	ια	μθ
β	ρπβ	λβ	ιδ	νγ	σκ	μ	ιγ	ια	σνθ	ζ	ια	μζ
γ	ρπγ	μη	ιδ	ν	σκα	νζ	ιγ	ζ	σξ	κβ	ια	με
δ	ρπε	δ	ιδ	μς	σκγ	ιδ	ιγ	δ	σξα	λζ	ια	μγ
ε	ρπς	κ	ιδ	μγ	σκδ	λα	ιγ	α	σξβ	νβ	ια	μβ
ς	ρπζ	λς	ιδ	λθ	σκε	μη	ιβ	νη	σξδ	ζ	ια	μ
ζ	ρπη	νβ	ιδ	λς	σκζ	ε	ιβ	νε	σξε	κβ	ια	λη
η	ρϟ	η	ιδ	λγ	σκη	κβ	ιβ	νβ	σξς	λζ	ια	λς
θ	ρϟα	κδ	ιδ	κθ	σκθ	μ	ιβ	μη	σξζ	νβ	ια	λδ
ι	ρϟβ	μ	ιδ	κε	σλ	νη	ιβ	με	σξθ	ζ	ια	λβ
ια	ρϟγ	νς	ιδ	κβ	σλβ	ις	ιβ	μβ	σο	κβ	ια	λα
ιβ	ρϟε	ιβ	ιδ	ιη	σλγ	λδ	ιβ	λθ	σοα	λγ	ια	κθ
ιγ	ρϟς	κη	ιδ	ιε	σλδ	νβ	ιβ	λς	σοβ	με	ια	κη
ιδ	ρϟζ	μδ	ιδ	ια	σλς	θ	ιβ	λδ	σογ	νζ	ια	κζ
ιε	ρϟθ	ō	ιδ	η	σλζ	κς	ιβ	λα	σοε	θ	ια	κς
ις	σ	ις	ιδ	δ	σλη	μγ	ιβ	κη	σος	κα	ια	κδ
ιζ	σα	λβ	ιδ	α	σμ	ō	ιβ	κε	σοζ	λγ	ια	κγ
ιη	σβ	μη	ιγ	νζ	σμα	ιζ	ιβ	κβ	σοη	με	ια	κβ
ιθ	σδ	δ	ιγ	νδ	σμβ	λδ	ιβ	ιθ	σοθ	νζ	ια	κα
κ	σε	κ	ιγ	να	σμγ	να	ιβ	ις	σπα	θ	ια	κ
κα	σς	λς	ιγ	μζ	σμε	η	ιβ	ιδ	σπβ	ιη	ια	ιθ
κβ	σζ	νβ	ιγ	μδ	σμς	κε	ιβ	ια	σπγ	κς	ια	ιη
κγ	σθ	η	ιγ	μ	σμζ	μβ	ιβ	θ	σπδ	λδ	ια	ιζ
κδ	σι	κδ	ιγ	λζ	σμη	νθ	ιβ	ς	σπε	μβ	ια	ιζ
κε	σια	μα	ιγ	λδ	σν	ις	ιβ	δ	σπς	ν	ια	ις
κς	σιβ	νη	ιγ	λ	σνα	λγ	ιβ	α	σπζ	νη	ια	ις
κζ	σιδ	ιε	ιγ	κζ	σνβ	μθ	ια	νθ	σπθ	ς	ια	ιε
κη	σιε	λβ	ιγ	κδ	σνδ	ε	ια	νς	σϟ	ιδ	ια	ιε
κθ	σις	μθ	ιγ	κ	σνε	κα	ια	νδ	σϟα	κβ	ια	ιδ
λ	σιη	ς	ιγ	ιζ	σνς	λζ	ια	να	σϟβ	λ	ια	ιδ
	λη	ς			λη	λα			λε	νγ		

[30] Κλιμα ε τὸ δι' Ελλησπόντου *scripsit* F

A2, 5 (IV) : ascensions obliques, 5e climat (Hellespont)

(F, f. 66v)

Tit : Κλίμα ε τὸ δι' Ἑλλησπόντου[31] ωρ ιε μοι μ λε νς

♂	Αἰγοκέρου				Ὑδριχόου				Ἰχθύων			
μοι	ἀναφ		ωρ χρ ξ ξ		ἀναφ		ωρ χρ ξ ξ		ἀναφ		ωρ χρ ξ ξ	
α	σϚγ	λγ	ια	ιε	τκα	ν	ια	νδ	τμγ	ε	ιγ	κ
β	σϚδ	λϛ	ια	ιϛ	τκβ	μγ	ια	νϛ	τμγ	μβ	ιγ	κδ
γ	σϚε	λθ	ια	ιϛ	τκγ	λ	ια	νθ	τμδ	ιθ	ιγ	κζ
δ	σϚϛ	μβ	ια	ιζ	τκδ	ιζ	ιβ	α	τμδ	νϛ	ιγ	λ
ε	σϚζ	με	ια	ιζ	τκε	δ	ιβ	δ	τμε	λγ	ιγ	λδ
ϛ	σϚη	μη	ια	ιη	τκε	να	ιβ	ϛ	τμϛ	θ	ιγ	λζ
ζ	σϚθ	να	ια	ιη	τκϛ	λζ	ιβ	θ	τμϛ	με	ιγ	μ
η	τ	νδ	ια	ιθ	τκζ	κγ	ιβ	ια	τμζ	κα	ιγ	μδ
θ	τα	νζ	ια	ιθ	τκη	θ	ιβ	ιδ	τμζ	νζ	ιγ	μζ
ι	τβ	νθ	ια	κ	τκη	νε	ιβ	ιϛ	τμη	λγ	ιγ	να
ια	τγ	νζ	ια	κα	τκθ	λη	ιβ	ιθ	τμθ	η	ιγ	νδ
ιβ	τδ	νε	ια	κβ	τλ	κα	ιβ	κβ	τμθ	μγ	ιγ	νζ
ιγ	τε	νβ	ια	κγ	τλα	δ	ιβ	κε	τν	ιη	ιδ	α
ιδ	τϛ	μθ	ια	κδ	τλα	μζ	ιβ	κη	τν	νγ	ιδ	δ
ιε	τζ	μϛ	ια	κϛ	τλβ	κθ	ιβ	λα	τνα	κη	ιδ	η
ιϛ	τη	μγ	ια	κζ	τλγ	ια	ιβ	λδ	τνβ	γ	ιδ	ια
ιζ	τθ	μ	ια	κη	τλγ	νγ	ιβ	λϛ	τνβ	λη	ιδ	ιε
ιη	τι	λζ	ια	κθ	τλδ	λε	ιβ	λθ	τνγ	ιβ	ιδ	ιη
ιθ	τια	λδ	ια	λα	τλε	ιζ	ιβ	μβ	τνγ	μϛ	ιδ	κβ
κ	τιβ	λα	ια	λβ	τλε	νθ	ιβ	με	τνδ	κ	ιδ	κε
κα	τιγ	κγ	ια	λδ	τλϛ	λη	ιβ	μη	τνδ	νδ	ιδ	κθ
κβ	τιδ	ιε	ια	λϛ	τλζ	ιζ	ιβ	νβ	τνε	κη	ιδ	λβ
κγ	τιε	νδ[32]	ια	λη	τλζ	νϛ	ιβ	νε	τνϛ	β	ιδ	λϛ
κδ	τιε	νθ	ια	μ	τλη	λε	ιβ	νη	τνϛ	λϛ	ιδ	λθ
κε	τιϛ	να	ια	μβ	τλθ	ιδ	ιγ	α	τνζ	ι	ιδ	μγ
κϛ	τιζ	μγ	ια	μγ	τλθ	νγ	ιγ	δ	τνζ	μδ	ιδ	μϛ
κζ	τιη	λε	ια	με	τμ	λβ	ιγ	ζ	τνη	ιη	ιδ	ν
κη	τιθ	κζ	ια	μζ	τμα	ια	ιγ	ια	τνη	νβ	ιδ	νγ
κθ	τκ	ιη[33]	ια	μθ	τμα	ν	ιγ	ιδ	τνθ	κ	ιδ	νϛ
λ	τκ	θ	ια	να	τμβ	κη	ιγ	ιζ	τξ	ō	ιε	ō
	κη	κθ			κα	κθ			ιζ	λβ		

[31] Κλιμα ε τὸ δι' Ελλησπόντου *scripsit* F

[32] *col 2 : ab arg 23 ad arg 29, numeri* νδ, νθ, να, μγ, λε, κζ, ιη *in rasura scripsit* F.

[33] ιη] ι- *deletum videtur* F

A2, 6 (I) : ascensions obliques, 6e climat (Milieu du Pont)

(F, f. 67)

Tit : Κλίμα ς τὸ διὰ Μέσου Πόντου [34] ωº ιε < μοι με λε λ

♂	Κριοῦ				Ταύρου				Διδύμων			
μοι	ἀναφ		ωº χº ξ ξ		ἀναφ		ωº χº ξ ξ		ἀναφ		ωº χº ξ ξ	
α	ō	λ	ιε	δ	ις	λ	ιζ	γ	λς	λς	ιη	μβ
β	α	ō	ιε	η	ιζ	ε	ιζ	ζ	λζ	κε	ιη	μδ
γ	α	λα	ιε	ιβ	ιζ	μα	ιζ	ι	λη	ιδ	ιη	μς
δ	β	β	ιε	ις	ιη	ιζ	ιζ	ιδ	λθ	γ	ιη	μθ
ε	β	λγ	ιε	κ	ιη	νγ	ιζ	ιη	λθ	νβ	ιη	να
ς	γ	δ	ιε	κδ	ιθ	κθ	ιζ	κα	μ	μβ	ιη	νγ
ζ	γ	λε	ιε	κη	κ	ε	ιζ	κε	μα	λβ	ιη	νς
η	δ	ς	ιε	λβ	κ	μα	ιζ	κθ	μβ	κβ	ιη	νη
θ	δ	λζ	ιε	λς	κα	ιζ	ιζ	λβ	μγ	ιβ	ιθ	ō
ι	ε	η	ιε	μ	κα	νγ	ιζ	λς	μδ	β	ιθ	β
ια	ε	λθ	ιε	μδ	κβ	λβ	ιζ	λθ	μδ	νζ	ιθ	δ
ιβ	ς	ι	ιε	μη	κγ	ια	ιζ	μγ	με	νβ	ιθ	ε
ιγ	ς	μα	ιε	νβ	κγ	ν	ιζ	μς	μς	μζ	ιθ	ζ
ιδ	ζ	ιβ	ιε	νς	κδ	κθ	ιζ	ν	μζ	με	ιθ	η
ιε	ζ	μγ	ις	ō	κε	η	ιζ	νγ	μη	μα	ιθ	ι
ις	η	ιδ	ις	δ	κε	μζ	ιζ	νζ	μθ	λζ	ιθ	ια
ιζ	η	μς	ις	η	κς	κζ	ιη	ō	ν	λγ	ιθ	ιγ
ιη	θ	ιη	ις	ιβ	κζ	ζ	ιη	γ	να	κθ	ιθ	ιδ
ιθ	θ	ν	ις	ις	κζ	μζ	ιη	ζ	νβ	κε	ιθ	ις
κ	ι	κβ	ις	κ	κη	κζ	ιη	ι	νγ	κα	ιθ	ιζ
κα	ι	νε	ις	κδ	κθ	ια	ιη	ιγ	νδ	κγ	ιθ	ιη
κβ	ια	κη	ις	κη	κθ	νε	ιη	ις	νε	κε	ιθ	ιη
κγ	ιβ	α	ις	λβ	λ	λθ	ιη	ιθ	νς	κζ	ιθ	ιθ
κδ	ιβ	λδ	ις	λς	λα	κγ	ιη	κβ	νζ	κθ	ιθ	ιθ
κε	ιγ	ζ	ις	μ	λβ	ζ	ιη	κε	νη	λα	ιθ	κ
κς	ιγ	μ	ις	μδ	λβ	να	ιη	κη	νθ	λγ	ιθ	κ
κζ	ιδ	ιγ	ις	μη	λγ	λε	ιη	λα	ξ	λς	ιθ	κα
κη	ιδ	μζ	ις	να	λδ	ιθ	ιη	λδ	ξα	λθ	ιθ	κα
κθ	ιε	κα	ις	νε	λε	γ	ιη	λζ	ξβ	μβ	ιθ	κβ
λ	ιε	νε	ις	νθ	λε	μζ	ιη	λθ	ξγ	με	ιθ	κβ
	ιε	νε			ιθ	νβ			κζ	νη		

[34] Κλιμα ς τὸ διὰ Μέσου Πόντου *scripsit* F

A2, 6 (II) : ascensions obliques, 6e climat (Milieu du Pont)

(F, f. 67v)

Tit : Κλίμα ς τὸ διὰ Μέσου Πόντου[35] ωρ ιε < μοι με λε λ

σ	Καρκίνου				Λέοντος				Παρθένου			
μοι	ἀναφ		ωρ χρ ξ ξ		ἀναφ		ωρ χρ ξ ξ		ἀναφ		ωρ χρ ξ ξ	
α	ξδ	νγ	ιθ	κβ	ρα	λη	ιη	λζ	ρμα	λς	ις	νε
β	ξς	α	ιθ	κα	ρβ	νζ	ιη	λδ	ρμβ	νς	ις	να
γ	ξζ	θ	ιθ	κα	ρδ	ις	ιη	λα	ρμδ	ις	ις	μη
δ	ξη	ιζ	ιθ	κ	ρε	λε	ιη	κη	ρμε	λς	ις	μδ
ε	ξθ	κς	ιθ	κ	ρς	νδ	ιη	κε	ρμς	νς	ις	μ
ς	ο	λε	ιθ	ιθ	ρη	ιγ	ιη	κβ	ρμη	ις	ις	λς
ζ	οα	μδ	ιθ	ιθ	ρθ	λβ	ιη	ιθ	ρμθ	λς	ις	λβ
η	οβ	νγ	ιθ	ιη	ρι	να	ιη	ις	ρν	νς	ις	κη
θ	οδ	β	ιθ	ιη	ριβ	ια	ιη	ιγ	ρνβ	ις[36]	ις	κδ
ι	οε	ια	ιθ	ιζ	ριγ	λα	ιη	ι	ρνγ	λς	ις	κ
ια	ος	κδ	ιθ	ις	ριδ	να	ιη	ζ	ρνδ	νς	ις	ις
ιβ	οζ	λζ	ιθ	ιδ	ρις	ια	ιη	γ	ρνς	ις	ις	ιβ
ιγ	οη	ν	ιθ	ιγ	ριζ	λα	ιη	ō	ρνζ	λς	ις	η
ιδ	π	γ	ιθ	ια	ριη	να	ιζ	νζ	ρνη	νς	ις	δ
ιε	πα	ις	ιθ	ι	ρκ	ια	ιζ	νγ	ρξ	ιε	ις	ō
ις	πβ	λ	ιθ	η	ρκα	λα	ιζ	ν	ρξα	λδ	ιε	νς
ιζ	πγ	μδ	ιθ	ζ	ρκβ	να	ιζ	μς	ρξβ	νγ	ιε	νβ
ιη	πδ	νη	ιθ	ε	ρκδ	ια	ιζ	μγ	ρξδ	ιβ	ιε	μη
ιθ	πς	ιβ	ιθ	δ	ρκε	λβ	ιζ	μ	ρξε	λα	ιε	μδ
κ	πζ	κς	ιθ	β	ρκς	νγ	ιζ	λς	ρξς	ν	ιε	μ
κα	πη	μγ	ιθ	ō	ρκη	ιε	ιζ	λβ	ρξη	θ	ιε	λς
κβ	ϟ	ō	ιη	νη	ρκθ	λε	ιζ	κθ	ρξθ	κη	ιε	λβ
κγ	ϟα	ιζ	ιη	νς	ρλ	νς	ιζ	κε	ρο	κζ	ιε	κη
κδ	ϟβ	λδ	ιη	νγ	ρλβ	ις	ιζ	κα	ροβ	ς	ιε	κδ
κε	ϟγ	να	ιη	να	ρλγ	λς	ιζ	ιη	ρογ	κε	ιε	κ
κς	ϟε	η	ιη	μθ	ρλδ	νς	ιζ	ιδ	ροδ	μδ	ιε	ις
κζ	ϟς	κε	ιη	μς	ρλς	ις	ιζ	ι	ρος	γ	ιε	ιβ
κη	ϟζ	μγ	ιη	μδ	ρλζ	λς	ιζ	ζ	ροζ	κβ	ιε	η
κθ	ϟθ	α	ιη	μβ	ρλη	νς	ιζ	γ	ροη	μα	ιε	δ
λ	ρ	ιθ	ιη	λθ	ρμ	ις	ις	νθ	ρπ	ō	ιε	ō
	λς	λδ			λθ	νζ			λθ	μδ		

35 Κλιμα ς τὸ διὰ Μέσου Πόντου *scripsit* F

36 ις] *primum scripserat* νς ; *per rasuram correxit* F

A2, 6 (III) : ascensions obliques, 6e climat (Milieu du Pont)

(F), f. 68

Tit : Κλίμα ς τὸ διὰ Μέσου Πόντου[37] ωρ ιε < μοι με λε λ

	Ζυγοῦ				Σκορπίου				Τοξότου			
μοι	ἀναφ		ωρ χρ ξ ξ		ἀναφ		ωρ χρ ξ ξ		ἀναφ		ωρ χρ ξ ξ	
α	ρπα	ιθ	ιδ	νς	σκα	δ	ιβ	νζ	σξ	νθ	ια	ιη
β	ρπβ	λη	ιδ	νβ	σκβ	κδ	ιβ	νγ	σξβ	ιζ	ια	ις
γ	ρπγ	νζ	ιδ	μη	σκγ	μδ	ιβ	ν	σξγ	λε	ια	ιδ
δ	ρπε	ις	ιδ	μδ	σκε	δ	ιβ	μς	σξδ	νβ	ια	ια
ε	ρπς	λε	ιδ	μ	σκς	κδ	ιβ	μβ	σξς	θ	ια	θ
ς	ρπζ	νδ	ιδ	λς	σκζ	μδ	ιβ	λθ	σξζ	κς	ια	ζ
ζ	ρπθ	ιγ	ιδ	λβ	σκθ	δ	ιβ	λε	σξη	μγ	ια	δ
η	ρϙ	λβ	ιδ	κη	σλ	κε	ιβ	λα	σο	ο̄	ια	β
θ	ρϙα	να	ιδ	κδ	σλα	μς	ιβ	κη	σοα	ιζ	ια	ο̄
ι	ρϙγ	ι	ιδ	κ	σλγ	ζ	ιβ	κδ	σοβ	λδ	ι	νη
ια	ρϙδ	κθ	ιδ	ις	σλδ	κη	ιβ	κα	σογ	μη	ι	νς
ιβ	ρϙε	μη	ιδ	ιβ	σλε	μθ	ιβ	ιζ	σοε	β	ι	νε
ιγ	ρϙζ	ζ	ιδ	η	σλζ	θ	ιβ	ιδ	σος	ις	ι	νγ
ιδ	ρϙη	κς	ιδ	δ	σλη	κθ	ιβ	ι	σοζ	λ	ι	νβ
ιε	ρϙθ	με	ιδ	ο̄	σλθ	μθ	ιβ	ζ	σοη	μδ	ι	ν
ις	σα	δ	ιγ	νς	σμα	θ	ιβ	γ	σοθ	νζ	ι	μθ
ιζ	σβ	κδ	ιγ	νβ	σμβ	κθ	ιβ	ο̄	σπα	ι	ι	μζ
ιη	σγ	μδ	ιγ	μη	σμγ	μθ	ια	νζ	σπβ	κγ	ι	μς
ιθ	σε	δ	ιγ	μδ	σμε	θ	ια	νγ	σπγ	λς	ι	μδ
κ	σς	κδ	ιγ	μ	σμς	κθ	ια	ν	σπδ	μθ	ι	μγ
κα	σζ	μδ	ιγ	λς	σμζ	μθ	ια	μζ	σπε	νη	ι	μβ
κβ	σθ	δ	ιγ	λβ	σμθ	θ	ια	μδ	σπζ	ζ	ι	μβ
κγ	σι	κδ	ιγ	κη	σν	κη	ια	μα	σπη	ις	ι	μα
κδ	σια	μδ	ιγ	κδ	σνα	μζ	ια	λη	σπθ	κε	ι	μα
κε	σιγ	δ	ιγ	κ	σνγ	ς	ια	λε	σϙ	λδ	ι	μ
κς	σιδ	κδ	ιγ	ις	σνδ	κε	ια	λβ	σϙα	μγ	ι	μ
κζ	σιε	μδ	ιγ	ιβ	σνε	μδ	ια	κθ	σϙβ	να	ι	λθ
κη	σιζ	δ	ιγ	θ	σνζ	γ	ια	κς	σϙγ	νθ	ι	λθ
κθ	σιη	κδ	ιγ	ε	σνη	κβ	ια	κγ	σϙε	ζ	ι	λη
λ	σιθ	μδ	ιγ	α	σνθ	μα	ια	κα	σϙς	ιε	ι	λη
	λθ	μδ			λθ	νζ			λς	λδ		

[37] Κλιμα ς τὸ διὰ Μέσου Πόντου *scripsit* F

A2, 6 (IV) : ascensions obliques, 6e climat (Milieu du Pont)

(F, f. 68v)

Tit : Κλίμα ς τὸ διὰ Μέσου Πόντου[38] ωϱ ιε < μοι με λε λ

♂	Αἰγοκέρου				Ὑδριχόου				Ἰχθύων			
μοι	ἀναφ		ωϱ χϱ ξ ξ		ἀναφ		ωϱ χϱ ξ ξ		ἀναφ		ωϱ χϱ ξ ξ	
α	σϚς	ιη	ι	λη	τκδ	νζ	ια	κς	τμδ	λθ	ιγ	ε
β	σϚη	κα	ι	λθ	τκε	μα	ια	κς	τμε	ιγ	ιγ	θ
γ	σϚθ	κδ	ι	λθ	τκς	κε	ια	κθ	τμε	μζ	ιγ	ιβ
δ	τ	κζ	ι	μ	τκζ	θ	ια	λβ	τμς	κ	ιγ	ις
ε	τα	κθ	ι	μ	τκζ	νγ	ια	λε	τμς	νγ	ιγ	κ
ς	τβ	λα	ι	μα	τκη	λζ	ια	λη	τμζ	κς	ιγ	κδ
ζ	τγ	λγ	ι	μα	τκθ	κα	ια	μα	τμζ	νθ	ιγ	κη
η	τδ	λε	ι	μβ	τλ	ε	ια	μδ	τμη	λβ	ιγ	λβ
θ	τε	λζ	ι	μβ	τλ	μθ	ια	μζ	τμθ	ε	ιγ	λς
ι	τς	λθ	ι	μγ	τλα	λγ	ια	ν	τμθ	λη	ιγ	μ
ια	τζ	λε	ι	μδ	τλβ	ιγ	ια	νγ	τν	ι	ιγ	μδ
ιβ	τη	λα	ι	μς	τλβ	νγ	ια	νζ	τν	μβ	ιγ	μη
ιγ	τθ	κζ	ι	μζ	τλγ	λγ	ιβ	ō	τνα	ιδ	ιγ	νβ
ιδ	τι	κγ	ι	μθ	τλδ	ιγ	ιβ	γ	τνα	μς	ιγ	νς
ιε	τια	ιθ	ι	ν	τλδ	νβ	ιβ	ζ	τνβ	ιζ	ιδ	ō
ις	τιβ	ιε	ι	νβ	τλε	λα	ιβ	ι	τνβ	μη	ιδ	δ
ιζ	τιγ	ια	ι	νγ	τλς	ι	ιβ	ιδ	τνγ	ιθ	ιδ	η
ιη	τιδ	ζ	ι	νε	τλς	μθ	ιβ	ιζ	τνγ	ν	ιδ	ιβ
ιθ	τιε	γ	ι	νς	τλζ	κη	ιβ	κ	τνδ	κα	ιδ	ις
κ	τιε	νη	ι	νη	τλη	ζ	ιβ	κδ	τνδ	νβ	ιδ	κ
κα	τις	μη	ια	ō	τλη	μγ	ιβ	κη	τνε	κγ	ιδ	κδ
κβ	τιζ	λη	ια	β	τλθ	ιθ	ιβ	λα	τνε	νδ	ιδ	κη
κγ	τιη	κη	ια	δ	τλθ	νε	ιβ	λε	τνς	κς	ιδ	λβ
κδ	τιθ	ιη	ια	ζ	τμ	λα	ιβ	λθ	τνς	νς	ιδ	λς
κε	τκ	η	ια	θ	τμα	ζ	ιβ	μβ	τνζ	κζ	ιδ	μ
κς	τκ	νζ	ια	ια	τμα	μγ	ιβ	μς	τνζ	νη	ιδ	μδ
κζ	τκα	μς	ια	ιδ	τμβ	ιθ	ιβ	ν	τνη	κθ	ιδ	μη
κη	τκβ	λε	ια	ις	τμβ	νε	ιβ	νγ	τνθ	ō	ιδ	νβ
κθ	τκγ	κδ	ια	ιη	τμγ	λα	ιβ	νζ	τνθ	λ	ιδ	νς
λ	τκδ	ιγ	ια	κα	τμδ	ε	ιβ	α	τξ	ō	ιε	ō
	κζ	νη			ιθ	νβ			ιε	νε		

[38] Κλιμα ς τὸ διὰ Μέσου Πόντου *scripsit* F

A2, 7 (I) : ascensions obliques, 7e climat (Borysthène)

(F, f. 69)

Tit : Κλίμα[39] ζ τὸ διὰ Βορυσθένους ωᵒ ις μ[οι] μη λ[ε] λβ

♂	Κριοῦ				Ταύρου				Διδύμων			
μ[οι]	ἀναφ		ωᵒ χᵒ ξ ξ		ἀναφ		ωᵒ χᵒ ξ ξ		ἀναφ		ωᵒ χᵒ ξ ξ	
α	ō	κζ	ιε	ε	ιδ	νβ	ιζ	ιθ	λγ	λ	ιθ	ιγ
β	ō	νδ	ιε	θ	ιε	κδ	ιζ	κγ	λδ	ιζ	ιθ	ιε
γ	α	κα	ιε	ιδ	ιε	νς	ιζ	κη	λε	δ	ιθ	ιη
δ	α	μη	ιε	ιη	ις	κη	ιζ	λβ	λε	να	ιθ	κα
ε	β	ις	ιε	κγ	ιζ	α	ιζ	λς	λς	λη	ιθ	κγ
ς	β	μδ	ιε	κζ	ιζ	λδ	ιζ	μ	λζ	κε	ιθ	κς
ζ	γ	ιβ	ιε	λβ	ιη	ζ	ιζ	με	λη	ιβ	ιθ	κθ
η	γ	μ	ιε	λζ	ιη	μ	ιζ	μθ	λθ	ō	ιθ	λα
θ	δ	η	ιε	μα	ιθ	ιγ	ιζ	νγ	λθ	μη	ιθ	λδ
ι	δ	λς	ιε	μς	ιθ	μς	ιζ	νζ	μ	λς	ιθ	λζ
ια	ε	δ	ιε	ν	κ	κβ	ιη	α	μα	λ	ιθ	λθ
ιβ	ε	λβ	ιε	νε	κ	νη	ιη	ε	μβ	κδ	ιθ	μ
ιγ	ς	ō	ιε	νθ	κα	λδ	ιη	θ	μγ	ιη	ιθ	μβ
ιδ	ς	κη	ις	δ	κβ	ι	ιη	ιγ	μδ	ιβ	ιθ	μδ
ιε	ς	νς	ις	η	κβ	μς	ιη	ιζ	με	ς	ιθ	με
ις	ζ	κδ	ις	ιγ	κγ	κγ	ιη	κα	μς	α	ιθ	μζ
ιζ	ζ	νβ	ις	ιζ	κδ	ō	ιη	κε	μς	νς	ιθ	μθ
ιη	η	κα	ις	κβ	κδ	λζ	ιη	κη	μζ	να	ιθ	να
ιθ	η	ν	ις	κς	κε	ιδ	ιη	λβ	μη	μς	ιθ	νβ
κ	θ	ιθ	ις	λα	κε	να	ιη	λς	μθ	μα	ιθ	νδ
κα	θ	μθ	ις	λε	κς	λβ	ιη	μ	ν	μβ	ιθ	νε
κβ	ι	ιθ	ις	μ	κζ	ιγ	ιη	μγ	να	μδ	ιθ	νε
κγ	ι	μθ	ις	μδ	κζ	νδ	ιη	μς	νβ	μς	ιθ	νε
κδ	ια	ιθ	ις	μη	κη	λε	ιη	ν	νγ	μη	ιθ	νς
κε	ια	μθ	ις	νγ	κθ	ιε	ιη	νγ	νδ	ν	ιθ	νζ
κς	ιβ	ιθ	ις	νζ	κθ	νζ	ιη	νζ	νε	νβ	ιθ	νη
κζ	ιβ	μθ	ιζ	ō	λ	λη	ιθ	ō	νς	νδ	ιθ	νη
κη	ιγ	ιθ	ιζ	ς	λα	ιθ	ιθ	γ	νζ	νς	ιθ	νθ
κθ	ιγ	μθ	ιζ	ια	λβ	α	ιθ	ζ	νη	νη	ιθ	νθ
λ	ιδ	κ	ιζ	ιε	λβ	μγ	ιθ	ι	ξ	ō	κ	ō
	ιδ	κ			ιη	κγ			κζ	ιζ		

---

[39] Κλιμα *scripsit* F

A2, 7 (II) : ascensions obliques, 7e climat (Borysthène)

(F, f. 69^v)

Tit : Κλίμα[40] ζ τὸ διὰ Βορυσθένους ωϱ ις μοι μη λε λβ

♂	Καϱκίνου				Λέοντος				Παϱθένου			
μοι	ἀναφ		ωϱ χϱ ξ ξ		ἀναφ		ωϱ χϱ ξ ξ		ἀναφ		ωϱ χϱ ξ ξ	
α	ξα	θ	ιθ	νθ	ϛη	λζ	ιθ	ζ	ϱμ	δ	ιζ	ια
β	ξβ	ιη	ιθ	νθ	ϛθ	νθ	ιθ	γ	ϱμα	κη	ιζ	ς
γ	ξγ	κζ	ιθ	νη	ϱα	κα	ιθ	ō	ϱμβ	να	ιζ	β
δ	ξδ	λς	ιθ	νη	ϱβ	μγ	ιη	νζ	ϱμδ	ιδ	ις	νζ
ε	ξε	με	ιθ	νζ	ϱδ	ε	ιη	νγ	ϱμε	λζ	ις	νγ
ς	ξς	νδ	ιθ	νς	ϱε	κζ	ιη	ν	ϱμζ	ō	ις	μη
ζ	ξη	γ	ιθ	νς	ϱς	μθ	ιη	μς	ϱμη	κγ	ις	μδ
η	ξθ	ιβ	ιθ	νε	ϱη	ια	ιη	μγ	ϱμθ	μς	ις	μ
θ	ο	κα	ιθ	νε	ϱθ	λγ	ιη	μ	ϱνα	θ	ις	λε
ι	οα	λα	ιθ	νδ	ϱι	νε	ιη	λς	ϱνβ	λβ	ις	λα
ια	οβ	με	ιθ	νβ	ϱιβ	ιη	ιη	λβ	ϱνγ	νε	ις	κς
ιβ	οδ	ō	ιθ	να	ϱιγ	μβ	ιη	κη	ϱνε	ιη	ις	κβ
ιγ	οε	ιε	ιθ	μθ	ϱιε	δ	ιη	κε	ϱνς	μα	ις	ιζ
ιδ	ος	λ	ιθ	μζ	ϱις	κζ	ιη	κα	ϱνη	δ	ις	ιγ
ιε	οζ	με	ιθ	με	ϱιζ	ν	ιη	ιζ	ϱνθ	κζ	ις	η
ις	οθ	ō	ιθ	μδ	ϱιθ	ιγ	ιη	ιγ	ϱξ	ν	ις	δ
ιζ	π	ιε	ιθ	μβ	ϱκ	λς	ιη	θ	ϱξβ	ιγ	ιε	νθ
ιη	πα	λ	ιθ	μ	ϱκα	νθ	ιη	ε	ϱξγ	λς	ιε	νε
ιθ	πβ	με	ιθ	λθ	ϱκγ	κβ	ιη	α	ϱξδ	νη	ιε	ν
κ	πδ	ō	ιθ	λζ	ϱκδ	με	ιζ	νζ	ϱξς	κ	ιε	μς
κα	πε	ιθ	ιθ	λδ	ϱκς	η	ιζ	νγ	ϱξζ	μβ	ιε	μα
κβ	πς	λη	ιθ	λα	ϱκζ	λα	ιζ	μθ	ϱξθ	δ	ιε	λζ
κγ	πζ	νζ	ιθ	κθ	ϱκη	νδ	ιζ	με	ϱο	κς	ιε	λβ
κδ	πθ	ις	ιθ	κς	ϱλ	ιζ	ιζ	μ	ϱοα	μη	ιε	κζ
κε	ϙ	λε	ιθ	κγ	ϱλα	μ	ιζ	λς	ϱογ	ι	ιε	κγ
κς	ϙα	νε	ιθ	κα	ϱλγ	δ	ιζ	λβ	ϱοδ	λβ	ιε	ιη
κζ	ϙγ	ιε	ιθ	ιη	ϱλδ	κη	ιζ	κη	ϱοε	νδ	ιε	ιδ
κη	ϙδ	λε	ιθ	ιε	ϱλε	νβ	ιζ	κγ	ϱοζ	ις	ιε	θ
κθ	ϙε	νε	ιθ	ιγ	ϱλζ	ις	ιζ	ιθ	ϱοη	λη	ιε	ε
λ	ϙζ	ιε	ιθ	ια	ϱλη	μ	ιζ	ιε	ϱπ	ō	ιε	ō
	λζ	ιε			μα	κε			μα	κ		

40 Κλιμα *scripsit* F

A2, 7 (III) : ascensions obliques, 7e climat (Borysthène)

(F, f. 70)

Tit : Κλίμα[41] ζ τὸ διὰ Βορυσθένους ωϱ ις μοι μη λε λβ

♂	Ζυγοῦ				Σκορπίου				Τοξότου			
μοι	ἀναφ		ωϱ χϱ ξ ξ		ἀναφ		ωϱ χϱ ξ ξ		ἀναφ		ωϱ χϱ ξ ξ	
α	ρπα	κβ	ιδ	νε	σκβ	μδ	ιβ	μα	σξδ	ε	ι	μζ
β	ρπβ	μδ	ιδ	να	σκδ	η	ιβ	λζ	σξε	κε	ι	με
γ	ρπδ	ς	ιδ	μς	σκε	λβ	ιβ	λβ	σξς	με	ι	μβ
δ	ρπε	κη	ιδ	μβ	σκς	νς	ιβ	κη	σξη	ε	ι	λθ
ε	ρπς	ν	ιδ	λζ	σκη	κ	ιβ	κδ	σξθ	κε	ι	λζ
ς	ρπη	ιβ	ιδ	λγ	σκθ	μγ	ιβ	κ	σο	μδ	ι	λδ
ζ	ρπθ	λδ	ιδ	κη	σλα	ς	ιβ	ιε	σοβ	γ	ι	λα
η	ρϟ	νς	ιδ	κγ	σλβ	κθ	ιβ	ια	σογ	κβ	ι	κθ
θ	ρϟβ	ιη	ιδ	ιθ	σλγ	νβ	ιβ	ζ	σοδ	μα	ι	κς
ι	ρϟγ	μ	ιδ	ιδ	σλε	ιε	ιβ	γ	σος	ō	ι	κγ
ια	ρϟε	β	ιδ	ι	σλς	λη	ια	νθ	σοζ	ιε	ι	κα
ιβ	ρϟς	κδ	ιδ	ε	σλη	α	ια	νε	σοη	λ	ι	κ
ιγ	ρϟζ	μζ	ιδ	α	σλθ	κδ	ια	να	σοθ	με	ι	ιη
ιδ	ρϟθ	ι	ιγ	νς	σμ	μζ	ια	μζ	σπα	ō	ι	ις
ιε	σ	λγ	ιγ	νβ	σμβ	ι	ια	μγ	σπβ	ιε	ι	ιε
ις	σα	νς	ιγ	μζ	σμγ	λγ	ια	λθ	σπγ	λ	ι	ιγ
ιζ	σγ	ιθ	ιγ	μγ	σμδ	νς	ια	λε	σπδ	με	ι	ια
ιη	σδ	μβ	ιγ	λη	σμς	ιθ	ια	λβ	σπς	ō	ι	θ
ιθ	σς	ε	ιγ	λδ	σμζ	μβ	ια	κη	σπζ	ιε	ι	η
κ	σζ	κη	ιγ	κθ	σμθ	ε	ια	κδ	σπη	κθ	ι	ς
κα	ση	να	ιγ	κε	σν	κζ	ια	κ	σπθ	λθ	ι	ε
κβ	σι	ιδ	ιγ	κ	σνα	μθ	ια	ιζ	σϟ	μη	ι	ε
κγ	σια	λζ	ιγ	ις	σνγ	ια	ια	ιδ	σϟα	νζ	ι	ε
κδ	σιγ	ō	ιγ	ιβ	σνδ	λγ	ια	ι	σϟγ	ς	ι	δ
κε	σιδ	κγ	ιγ	ζ	σνε	νε	ια	ζ	σϟδ	ιε	ι	γ
κς	σιε	μς	ιγ	γ	σνζ	ιζ	ια	γ	σϟε	κδ	ι	β
κζ	σιζ	θ	ιγ	ō	σνη	λθ	ια	ō	σϟς	λγ	ι	β
κη	σιη	λβ	ιβ	νδ	σξ	α	ι	νζ	σϟζ	μβ	ι	α
κθ	σιθ	νς	ιβ	μθ	σξα	κγ	ι	νγ	σϟη	να	ι	α
λ	σκα	κ	ιβ	με	σξβ	με	ι	ν	τ	ō	ι	ō
	μα	κ			μα	κε			λζ	ιε		

41 Κλιμα *scripsit* F

A2, 7 (IV) : ascensions obliques, 7e climat (Borysthène)

(F), f. 70v

Tit : Κλίμα[42] ζ τὸ διὰ Βορυσθένους ωϱ ις μοι μη λε λβ

σ	Αἰγοκέρου				Ὑδριχόου				Ἰχθύων			
μοι	ἀναφ		ωϱ χϱ ξ ξ		ἀναφ		ωϱ χϱ ξ ξ		ἀναφ		ωϱ χϱ ξ ξ	
α	τα	β	ι	α	τκζ	νθ	ι	νγ	τμς	ια	ιβ	μθ
β	τβ	δ	ι	α	τκη	μα	ι	νζ	τμς	μα	ιβ	νδ
γ	τγ	ς	ι	β	τκθ	κβ	ια	ō	τμζ	ια	ιβ	νη
δ	τδ	η	ι	β	τλ	γ	ια	γ	τμζ	μα	ιγ	γ
ε	τε	ι	ι	γ	τλ	μδ	ια	ζ	τμη	ια	ιγ	ζ
ς	τς	ιβ	ι	δ	τλα	κε	ια	ι	τμη	μα	ιγ	ιβ
ζ	τζ	ιδ	ι	δ	τλβ	ς	ια	ιδ	τμθ	ια	ιγ	ις
η	τη	ις	ι	ε	τλβ	μζ	ια	ιζ	τμθ	μα	ιγ	κ
θ	τθ	ιη	ι	ε	τλγ	κη	ια	κ	τν	ια	ιγ	κε
ι	τι	ιθ	ι	ς	τλδ	θ	ια	κδ	τν	μα	ιγ	κθ
ια	τια	ιδ	ι	η	τλδ	μς	ια	κη	τνα	ι	ιγ	λδ
ιβ	τιβ	θ	ι	θ	τλε	κγ	ια	λβ	τνα	λθ	ιγ	λη
ιγ	τιγ	δ	ι	ια	τλς	ō	ια	λε	τνβ	η	ιγ	μγ
ιδ	τιγ	νθ	ι	ιγ	τλς	λζ	ια	λθ	τνβ	λς	ιγ	μζ
ιε	τιδ	νδ	ι	ιε	τλζ	ιδ	ια	μγ	τνγ	δ	ιγ	νβ
ις	τιε	μη	ι	ις	τλζ	ν	ια	μζ	τνγ	λβ	ιγ	νς
ιζ	τις	μβ	ι	ιη	τλη	κς	ια	να	τνδ	ō	ιδ	α
ιη	τιζ	λς	ι	κ	τλθ	β	ια	νδ	τνδ	κη	ιδ	ε
ιθ	τιη	λ	ι	κα	τλθ	λη	ια	νθ	τνδ	νς	ιδ	ι
κ	τιθ	κδ	ι	κγ	τμ	ιδ	ιβ	γ	τνε	κδ	ιδ	ιδ
κα	τκ	ιβ	ι	κς	τμ	μζ	ιβ	ζ	τνε	νβ	ιδ	ιθ
κβ	τκα	ō	ι	κθ	τμα	κ	ιβ	ια	τνε	κ	ιδ	κγ
κγ	τκα	μη	ι	λα	τμα	νγ	ιβ	ιε	τνς	μη	ιδ	κη
κδ	τκβ	λς	ι	λδ	τμβ	κς	ιβ	κ	τνζ	ις	ιδ	λγ
κε	τκγ	κβ	ι	λζ	τμβ	νθ	ιβ	κδ	τνζ	μδ	ιδ	λζ
κς	τκδ	θ	ι	λθ	τμγ	λβ	ιβ	κη	τνη	ιβ	ιδ	μβ
κζ	τκδ	νς	ι	μβ	τμδ	δ	ιβ	λβ	τνη	λθ	ιδ	μς
κη	τκε	μγ	ι	με	τμδ	λς	ιβ	λζ	τνθ	ς	ιδ	να
κθ	τκς	λ	ι	μζ	τμε	η	ιβ	μα	τνθ	λδ	ιδ	νε
λ	τκζ	ιζ	ι	μθ	τμε	μ	ιβ	με	τξ	ō	ιε	ō
	κζ	ιζ			ιη	κγ			ιδ	κ		

[42] Κλιμα *scripsit* F

Tables B1

Ascensions obliques pour le climat de Byzance

B1 (I) : ascensions obliques pour le climat de Byzance

(F, f. 35)

Tit : Κλίμα τοῦ διὰ Βυζαντίου παραλλήλου ωϱ(αι) ἰσημεϱιν(αὶ) ιε δ μ^οι^ μγ λ~ε~ ε

♂	Κϱιοῦ				Ταύϱου				Διδύμων			
μ^οι^	ἀναφ		ωϱ χϱ		ἀναφ		ωϱ χϱ		ἀναφ		ωϱ χϱ	
α	ō	λβ	ιε	δ	ιζ	κ	ις	νδ	λη	θ	ιη	κς
β	α	δ	ιε	η	ιζ	νζ	ις	νη	λη	νθ	ιη	κθ
γ	α	λς	ιε	ια	ιη	λδ	ιζ	α	λθ	μθ	ιη	λα
δ	β	θ	ιε	ιε	ιθ	ιβ	ιζ	ε	μ	μ	ιη	λγ
ε	β	μβ	ιε	ιθ	ιθ	μθ	ιζ	η	μα	α	ιη	λε
ς	γ	ιδ	ιε	κγ	κ	κζ	ιζ	ιβ	μβ	κα	ιη	λζ
ζ	γ	μς	ιε	κς	κα	δ	ιζ	ιε	μγ	ιβ	ιη	λθ
η	δ	ιθ	ιε	λ	κα	μβ	ιζ	ιθ	μδ	γ	ιη	μα
θ	δ	να	ιε	λδ	κβ	ιθ	ιζ	κβ	μδ	νδ	ιη	μγ
ι	ε	κδ	ιε	λη	κβ	μζ	ιζ	κε	με	με	ιη	με
ια	ε	νς	ιε	μα	κγ	λζ	ιζ	κθ	μς	μα	ιη	μζ
ιβ	ς	κθ	ιε	με	κδ	ιη	ιζ	λβ	μζ	λη	ιη	μθ
ιγ	ζ	α	ιε	μθ	κδ	νη	ιζ	λε	μη	λδ	ιη	ν
ιδ	ζ	λδ	ιε	νγ	κε	λθ	ιζ	λη	μθ	λα	ιη	να
ιε	η	ζ	ιε	νς	κς	ιθ	ιζ	μα	ν	κζ	ιη	νβ
ις	η	μ	ις	ō	κζ	ō	ιζ	μδ	να	κδ	ιη	νδ
ιζ	θ	ιδ	ις	δ	κζ	μα	ιζ	μη	νβ	κ	ιη	νε
ιη	θ	μζ	ις	η	κη	κγ	ιζ	να	νγ	ιζ	ιη	νς
ιθ	ι	κα	ις	ια	κθ	δ	ιζ	νδ	νδ	ιδ	ιη	νη
κ	ι	νδ	ις	ιε	κθ	μς	ιζ	νζ	νε	ια	ιη	νθ
κα	ια	κθ	ις	ιθ	λ	λα	ιη	ō	νς	ιγ	ιθ	ō
κβ	ιβ	γ	ις	κβ	λα	ις	ιη	β	νζ	ιε	ιθ	ō
κγ	ιβ	λη	ις	κς	λβ	δ	ιη	ε	νη	ιη	ιθ	α
κδ	ιγ	ιβ	ις	λ	λβ	μς	ιη	η	νθ	κ	ιθ	α
κε	ιγ	μζ	ις	λγ	λγ	λα	ιη	ια	ξ	κγ	ιθ	β
κς	ιδ	κβ	ις	λζ	λδ	ιζ	ιη	ιγ	ξα	κε	ιθ	β
κζ	ιδ	νζ	ις	μ	λε	β	ιη	ις	ξβ	κη	ιθ	γ
κη	ιε	λβ	ις	μδ	λε	μη	ιη	ιθ	ξγ	λα	ιθ	γ
κθ	ις	η	ις	μζ	λς	λγ	ιη	κα	ξδ	λδ	ιθ	γ
λ	ις	μγ	ις	να	λζ	ιθ	ιη	κδ	ξε	λζ	ιθ	δ
	δ′[43]		δ′		δ′		δ′		δ′		δ′	
	ις	μγ			κ	λς			κη	ιη		

---

[43] *Nescio quomodo intelligendum signum* δ′ *infra columnas additum; forse pro* διακεκϱιμένον *i e 'verificatum' scripsit auctor vel copista tabulae ?*

B1 (II) : ascensions obliques pour le climat de Byzance

(F, f. 35v)

Tit : Κλίμα τοῦ διὰ Βυζαντίου παραλλήλου ὥρ(αι) ἰσημεριν(αὶ)[44] ιε δ, μ^οι μγ λ_ε ε

♂	Καρκίνου				Λέοντος				Παρθένου			
μ^οι	ἀναφ		ω^ρ χ^ρ		ἀναφ		ω^ρ χ^ρ		ἀναφ		ω^ρ χ^ρ	
α	ξς	με	ιθ	γ	ργ	θ	ιη	κα	ρμβ	κβ	ις	μζ
β	ξζ	νγ	ιθ	γ	ρδ	κς	ιη	ιθ	ρμγ	μ	ις	μδ
γ	ξθ	α	ιθ	γ	ρε	μδ	ιη	ις	ρμδ	νη	ις	μ
δ	ο	θ	ιθ	β	ρζ	β	ιη	ιγ	ρμς	ις	ις	λζ
ε	οα	ιη	ιθ	β	ρη	κ	ιη	ια	ρμζ	ιδ	ις	λγ
ς	οβ	κς	ιθ	α	ρθ	λη	ιη	η	ρμη	νγ	ις	λ
ζ	ογ	λε	ιθ	ō	ρι	νς	ιη	ε	ρν	ια	ις	κς
η	οδ	μγ	ιθ	α	ριβ	ιδ	ιη	β	ρνα	κθ	ις	κβ
θ	οε	νβ	ιθ	ō	ριγ	λβ	ιη	ō	ρνβ	μζ	ις	ιθ
ι	οζ	α	ιη	νθ	ριδ	να	ιζ	νζ	ρνδ	ε	ις	ιε
ια	οη	ιγ	ιη	νη	ρις	ι	ιζ	νδ	ρνε	κγ	ις	ια
ιβ	οθ	κς	ιη	νς	ριζ	κη	ιζ	να	ρνς	μα	ις	η
ιγ	π	λη	ιη	νε	ριη	μζ	ιζ	μη	ρνζ	νθ	ις	δ
ιδ	πα	να	ιη	νδ	ρκ	ς	ιζ	μδ	ρνθ	ιζ	ις	ō
ιε	πγ	γ	ιη	νβ	ρκα	κδ	ιζ	μα	ρξ	λε	ιε	νς
ις	πδ	ις	ιη	να	ρκβ	μγ	ιζ	λη	ρξα	νγ	ιε	νγ
ιζ	πε	κθ	ιη	ν	ρκδ	β	ιζ	λε	ρξγ	ια	ιε	μθ
ιη	πς	μβ	ιη	μθ	ρκε	κα	ιζ	λβ	ρξδ	κθ	ιε	με
ιθ	πζ	νς	ιη	μζ	ρκς	λθ	ιζ	κθ	ρξε	μζ	ιε	μα
κ	πθ	θ	ιη	με	ρκζ	νη	ιζ	κε	ρξζ	ε	ιε	λη
κα	Ϟ	κε	ιη	μγ	ρκθ	ιζ	ιζ	κβ	ρξη	κς	ιε	λδ
κβ	Ϟα	μα	ιη	μα	ρλ	λε	ιζ	ιθ	ρξθ	μ	ιε	λ
κγ	Ϟβ	νζ	ιη	λθ	ρλα	νδ	ιζ	ιε	ρο	νζ	ιε	κς
κδ	Ϟδ	ιγ	ιη	λζ	ρλγ	ιβ	ιζ	ιβ	ροβ	ιε	ιε	κγ
κε	Ϟε	κθ	ιη	λε	ρλδ	λα	ιζ	η	ρογ	λβ	ιε	ιθ
κς	Ϟς	με	ιη	λγ	ρλε	ν	ιζ	ε	ροδ	ν	ιε	ιε
κζ	Ϟη	α	ιη	λα	ρλζ	θ	ιζ	α	ρος	ζ	ιε	ια
κη	Ϟθ	ιη	ιη	κθ	ρλη	κζ	ις	νη	ροζ	κε	ιε	η
κθ	ρ	λε	ιη	κς	ρλθ	με	ις	νδ	ροη	μβ	ιε	δ
λ	ρα	να	ιη	κδ	ρμα	δ	ις	να	ρπ	ō	ιε	ō
	δ′		δ′		δ′		δ′		δ′		δ′	
	λς	ιδ			λθ	ιγ			λη	νς		

44 ἰσημεριν(αὶ) *scripsi*] ἰσημερινῶ F

B1 (III) : ascensions obliques pour le climat de Byzance

(F, f. 36)

Tit : Κλίμα τοῦ διὰ Βυζαντίου παραλλήλου ὧρ(αι) ἰσημεριν(αὶ)[45] ιε δ, μοι μγ λε ε

♂	Ζυγοῦ				Σκορπίου				Τοξότου			
μοι	ἀναφ		ωρ χρ		ἀναφ		ωρ χρ		ἀναφ		ωρ χρ	
α	ρπα	ιη	ιδ	νς	σκ	ιδ	ιγ	ς	σνθ	κε	ια	λδ
β	ρπβ	λε	ιδ	νβ	σκα	ιγ	ιγ	β	σξ	μβ	ια	λα
γ	ρπγ	νγ	ιδ	μθ	σκβ	να	ιβ	νθ	σξα	νθ	ια	κθ
δ	ρπε	ι	ιδ	με	σκδ	ι	ιβ	νε	σξγ	ιε	ια	κζ
ε	ρπς	κη	ιδ	μα	σκε	κθ	ιβ	νβ	σξδ	λα	ια	κε
ς	ρπζ	με	ιδ	λζ	σκς	μη	ιβ	μη	σξε	μζ	ια	κγ
ζ	ρπθ	γ	ιδ	λδ	σκη	ς	ιβ	με	σξζ	γ̀	ια	κα
η	ρϙ	κ	ιδ	λ	σκθ	κε	ιβ	μα	σξη	ιθ	ια	ιθ
θ	ρϙα	λη	ιδ	κς	σλ	μγ	ιβ	λη	σξθ	λε	ια	ιζ
ι	ρϙβ	νε	ιδ	κβ	σλβ	β	ιβ	λε	σο	να	ια	ιε
ια	ρϙδ	ιγ	ιδ	ιθ	σλγ	κα	ιβ	λα	σοβ	δ	ια	ιγ
ιβ	ρϙε	λα	ιδ	ιε	σλδ	λθ	ιβ	κη	σογ	ιη	ια	ια
ιγ	ρϙς	μθ	ιδ	ια	σλε	νη	ιβ	κε	σοδ	λα	ια	ι
ιδ	ρϙη	ζ	ιδ	ζ	σλζ	ιζ	ιβ	κβ	σοε	μδ	ια	θ
ιε	ρϙθ	κε	ιδ	δ	σλη	λς	ιβ	ιθ	σος	νζ	ια	η
ις	σ	μγ	ιδ	ō	σλθ	νδ	ιβ	ις	σοη	θ	ια	ς
ιζ	σβ	λ	ιγ	νς	σμα	ιγ	ιβ	ιβ	σοθ	κβ	ια	ε
ιη	σγ	ιθ	ιγ	νβ	σμβ	λβ	ιβ	θ	σπ	λδ	ια	δ
ιθ	σδ	λζ	ιγ	μθ	σμγ	ν	ιβ	ς	σπα	μζ	ια	β
κ	σε	νε	ιγ	με	σμε	θ	ιβ	γ	σπβ	νθ	ια	α
κα	σζ	ιγ	ιγ	μα	σμς	κη	ιβ	ō	σπδ	η	ια[46]	ō
κβ	ση	λα	ιγ	λη	σμζ	μς	ια	νη	σπε	ιζ	ια[47]	ō
κγ	σθ	μθ	ιγ	λδ	σμθ	δ	ια	νε	σπς	κε	ι	νθ
κδ	σια	ζ	ιγ	λ	σν	κβ	ια	νβ	σπζ	λδ	ι	νθ
κε	σιβ	κς	ιγ	κζ	σνα	μ	ια	μθ	σπη	μβ	ι	νη
κς	σιγ	μδ	ιγ	κγ	σνβ	νη	ια	μζ	σπθ	να	ι	νη
κζ	σιε	β	ιγ	κ	σνδ	ις	ια	μδ	σϙ	νθ	ι	νζ
κη	σις	κ	ιγ	ις	σνε	λδ	ια	μα	σϙβ	ζ	ι	νζ
κθ	σιζ	λη	ιγ	ιγ	σνς	να	ια	λθ	σϙγ	ιε	ι	νζ
λ	σιη	λς	ιγ	θ	σνη	θ	ια	λς	σϙδ	κγ	ι	νς
	δ′		δ′		δ′		δ′		δ′		δ′	
	λη	νς			λθ	ιγ			λς	ιδ		

45 ἰσημεριν(αὶ) *scripsi*] ἰσημερινῶ F

46 -α *ab alia manu addita* F

47 -α *ab alia manu addita* F

B1 (IV) : ascensions obliques pour le climat de Byzance

(F, f. 36v)

Tit : Κλίμα τοῦ διὰ Βυζαντίου παραλλήλου ὧρ(αι) ἰσημεριν(αὶ)[48] ιε δ, μοι μγ λε ε

♂	Αἰγοκέρου				Ὑδριχόου				Ἰχθύων			
μοι	ἀναφ		ωρ χρ		ἀναφ		ωρ χρ		ἀναφ		ωρ χρ	
α	σϚε	κς	ι	νζ	τκγ	κζ	ια	λθ	τμγ	νβ	ιγ	ιγ
β	σϚς	κθ	ι	νζ	τκδ	ιβ	ια	μα	τμδ	κη	ιγ	ις
γ	σϚζ	λβ	ι	νζ	τκδ	νη	ια	μδ	τμε	γ	ιγ	κ
δ	σϚη	λε	ι	νη	τκε	μγ	ια	μζ	τμε	λη	ιγ	κγ
ε	σϚθ	λζ	ι	νη	τκς	κθ	ια	μθ	τμς	ιγ	ιγ	κζ
ς	τ	μ	ι	νθ	τκζ	ιδ	ια	νβ	τμς	μη	ιγ	λ
ζ	τα	μβ	ι	νθ	τκζ	νθ	ια	νε	τμζ	κβ	ιγ	λδ
η	τβ	με	ια	ō	τκη	μδ	ια	νη	τμζ	νζ	ιγ	λη
θ	τγ	μζ	ια	ō	τκθ	κθ	ιβ	ō	τμη	λα	ιγ	μα
ι	τδ	μθ	ια	α	τλ	ιδ	ιβ	γ	τμθ	ς	ιγ	μδ
ια	τε	μς	ια	β	τλ	νς	ιβ	ς	τμθ	λθ	ιγ	μη
ιβ	τς	μγ	ια	δ	τλα	λζ	ιβ	θ	τν	ιγ	ιγ	να
ιγ	τζ	μ	ια	ε	τλβ	ιθ	ιβ	ιβ	τν	μς	ιγ	νδ
ιδ	τη	λς	ια	ς	τλγ	ō	ιβ	ις	τνα	κ	ιδ	ō
ιε	τθ	λγ	ια	η	τλγ	μα	ιβ	ιθ	τνα	νγ	ιδ	δ
ις	τι	κθ	ια	θ	τλδ	κα	ιβ	κβ	τνβ	κς	ιδ	ζ
ιζ	τια	κς	ια	ι	τλε	β	ιβ	κε	τνβ	νθ	ιδ	ια
ιη	τιβ	κβ	ια	ια	τλε	μδ	ιβ	κη	τνγ	λα	ιδ	ιε
ιθ	τιγ	ιθ	ια	ιγ	τλς	κγ	ιβ	λα	τνδ	δ	ιδ	ιθ
κ	τιδ	ιε	ια	ιε	τλζ	γ	ιβ	λε	τνδ	λς	ιδ	κβ
κα	τιε	ς	ια	ιζ	τλζ	μα	ιβ	λη	τνε	θ	ιδ	κς
κβ	τιε	νζ	ια	ιθ	τλη	ιη	ιβ	μα	τνε	μα	ιδ	λ
κγ	τις	μη	ια	κα	τλη	νς	ιβ	με	τνς	ιδ	ιδ	λδ
κδ	τιζ	λθ	ια	κγ	τλθ	λγ	ιβ	μη	τνς	μς	ιδ	λζ
κε	τιη	λ	ια	κε	τμ	ια	ιβ	νβ	τνζ	ιη	ιδ	μα
κς	τιθ	κ	ια	κζ	τμ	μη	ιβ	νε	τνζ	να	ιδ	με
κζ	τκ	ια	ια	κθ	τμα	κς	ιβ	νθ	τνη	κδ	ιδ	μθ
κη	τκα	α	ια	λα	τμβ	γ	ιγ	β	τνη	νς	ιδ	νβ
κθ	τκα	να	ια	λδ	τμβ	μ	ιγ	ς	τνθ	κη	ιδ	νς
λ	τκβ	μα	ια	λς	τμγ	ιζ	ιγ	θ	τξ	ō	ιε	ō

δ′ δ′ δ′ δ′ δ′ δ′

κη ιη κ λς ις μγ

---

48 ἰσημεριν(αὶ) *scripsi*] ἰσημερινῶ F

APPARAT CRITIQUE

Sigles des manuscrits

F = *Laurentianus* 28/26
H = *Leidensis BPG* 78 (main ancienne)
H² = *Leidensis BPG* 78 (main récente)
M = *Marcianus gr.* 331 (manque pour cette partie)
v = *Vaticanus gr.* 1291

Nous avons utilisé les notations latines traditionnelles de l'apparat critique, en essayant de donner les indications aussi précises que possible sur l'état des tables. H est un manuscrit difficile, car de nombreuses tables sont effacées et ont été restaurées par des mains postérieures. Voici donc quelques précisions sur le vocabulaire employé :

add (addidit, additum) : a ajouté; ajouté
al m (alia manus) : main autre que le copiste d'origine
cancellatus : barré
corr (correxi, correctum) : a corrigé; corrigé
deletus : effacé accidentellement ou délibérément
erasus : gratté
evanidus : dont l'encre est pâlie
incertus : dont la lecture est incertaine
non legi potest : dont la lecture n'est pas possible
rescriptus : réécrit par la même main ou par une autre main (dans ce cas, il n'est pas certain que le chiffre original ait été effectivement reproduit)
s l (supra lineam) : écrit au-dessus de la ligne
<.> emplacement d'une lettre ou d'un chiffre impossible à lire, par exemple : ιη κ<.>
( ) mot abrégé complété, par exemple ὥρ(αι)

Notre édition reproduit fidèlement la présentation des tables A1, A2 et B1 telle qu'elle apparaît dans F. Celles-ci ont toutes la même présentation : chaque table comprend une colonne d'argument (col. 1), et trois signes du zodiaque, avec, pour chacun, deux colonnes (ascensions et temps horaires, soit col. 2 et 3, col. 4 et 5, col. 6 et 7), soit :

arg	signe du zodiaque				signe du zodiaque				signe du zodiaque			
1	col 2		col 3		col 4		col 5		col 6		col 7	
°	°	′	°	′	°	′	°	′	°	′	°	′
...	...	...	...	...	...	...	...	...	...	...	...	...

Comme nous l'avons expliqué dans l'introduction, le lecteur pourra comparer les variantes numériques des manuscrits avec les résultats des vérifications mathématiques[49]. Il arrive

[49] Tous les calculs ont été effectués par R. Mercier.

qu'aucun manuscrit ne donne la valeur calculée : dans ce cas, aucune mention n'apparaît dans l'apparat critique puisque les manuscrits ne présentent aucune divergence, mais ces cas seront indiqués dans la transcription des tables (vol. Ib).

A1, (I)

De Titulo, vide infra pp. 200-204.
H, f. 75 :
Ορθης σφαιρας συνμεσουρανησει πανταχη (*in* χει *corr m rec*)

♂	Αιγοκερου		Υδριχοου[50]		Ιχθυων	
μ°	Ανα φοραι μ° ξ	ωᵒ ωᵒ ξ	Ανα φοραι μ° ξ	ωρων ξ	Αναφο ραι μ° ξ	ωρων ξ

Infra tabulam uncialibus litteris scripsit H : Δηλουσιν επι τουτοις αιγοκερω διδυμοι καρκινος τοξοτης αληλοις αμα ταυρος και λεων και σκορπιος αληλοις ιχθυες και κριος και παρθενος και υδρηχοος ξ΄β ιθ β (? *cancellatum*)
In superiore et dextra margine, scholium addidit manus posterior (XIII/XIV saec). Hoc scholium hodie evanidum e Theonis Commentario Maiore in Tabulis Manualibus abstractum esse videtur.

M : *deest*

v, f. 22 :
Ορθης σφαιρας συνμεσουρανηματι πανταχου

	Capri figura		*Aquarii figura*		*Piscium figura*	
μ°	Αναφο ραι	ωρων ξ ξ	Αναφο ραι	ωρων ξ ξ	Αναφο ραι	ωρων ξ ξ

Variantes numériques

		F	H	v	Calcul
col. 3	♑				
	γ 3	ιθ ιβ 19; 12	ιθ μβ 19; 42	ιθ μβ 19; 42	 19; 42
	ια 11	κγ μβ 23; 42	κγ μβ 23; 42	κγ μ 23; 40	 23; 42
	κ 20	κζ λς 27; 36	κζ λε 27; 35	κζ λε 27; 35	 27; 36
col. 5	♒				
	ε 5	λβ δ 32; 4	λβ λ 32; 30	λβ δ 32; 4	 32; 4

50 Υδριχοου *in* Υδρηχοου *corr m rec*

	ι 10	λβ με 32; 45	λβ μθ 32; 49	λβ μθ 32; 49	32; 49
	κβ 22	λγ ιδ 33; 14	λγ ια 33; 11	λγ ια 33; 11	33; 11
	κη 28	λβ λε 32; 35	λβ λθ 32; 39	λβ λθ 32; 39	32; 39
col. 7	♓				
	ιβ 12	κθ λ 29; 30	κθ <.>[51] 29;< ?>	κθ λ 29; 30	29; 30
	ιγ 13	κθ ια 29; 11	κθ ια 29; 11	κθ ιδ 29; 14	29; 11
	ιθ 19	κζ ια 27; 11	κζ <?>[52] 27; < ?>	κζ ια 27; 11	27; 11
	κ 20	κς μθ 26; 49	κς < ?> [53] 26;< ?>	κς μθ 26; 49	26; 49
	κα 21	κς μζ 26; 47	κς κζ 26; 27	κς κζ 26; 27	26; 27
	κη 28	κγ μη 23; 48	κγ μη (?)[54] 23; 48	κγ μζ 23; 47	23; 48
	λ 30	κγ ō 23; 0	κγ ō[55] 23; 0	κγ ō 23; 0	23; 0

Col. 2 : *infra col. 2 add* λβ ις HF
Col. 4 : *infra col. 4 add* κθ νδ HF
Col. 6 : *infra col. 6 add* κζ ν HF

[51] *numerum deletum habet* H
[52] *numerus deletus* H
[53] *numerus deletus* H
[54] *numerus partim deletus : incertum est* H
[55] *numerus deletus; super* κγ *aliquid rescripsit alia manus* H

A1(II)

H, f. 75v
Ορθη σφαιρα συν μεσουρανηματι πανταχει

σ	Κριου		Ταυρου		Διδυμων	
μ°	Ανα φοραι μ° ξ	ωϱ ωϱ ξ	Ανα φοραι μ° ξ	ωϱ ωϱ ξ	Ανα φοραι	ωρων ξ

M : *deest*

v, f. 22v :
Ορθης σφαιρας συνμεσουρανήματι πανταχοῦ

	Arietis figura		*Tauri figura*		*Geminorum figura*	
μ°	Αναφο ραι	ωρων ξ ξ	Αναφο ραι	ωρων ξ ξ	Αναφο ραι	ωρων ξ ξ

Variantes numériques :

		F	H	v	calcul
col. 2	♈				
	γ 3	ϟβ με 92; 45	ϟβ νε 92; 55	ϟβ με 92; 45	92; 45
	ιζ 17	ρε λζ 105; 37	? [56]	ρε λζ 105; 37	105; 37
	κα 21	ρθ κα 109; 21	ρθ κ< .>[57] 109; 2< . >	ρθ κα 109; 21	109; 21
col. 3	♈				
	η 8	ιθ μδ 19; 44	ιθ μα 19; 41	ιθ μδ 19; 44	19; 44
	ι 10	ιη νδ 18; 54	ιη μδ 18; 44	ιη νδ 18; 54	18; 54
col. 4	♉				
	β 2	ριθ μς 119; 46	ριθ μς[58] 119; 46	ριθ μς 119; 46	119; 46

---

[56] *numerus deletus : non legi potest* H
[57] *una lit deleta* H

col. 5	♉				
	θ 9	η νβ 8; 52	η νβ 8; 52	η να 8; 51	 8; 52
	ιβ 12	η η 8; 8	η ι[59] 8; 10	η η 8; 8	 8; 8
	κδ 24	ς λγ 6; 33	ς λγ 6; 33	ς λδ 6; 34	 6; 33
col. 6	♊				
	η 8	ρνγ ι 153; 10	ρνς ι 156; 10	ρνς ι 156; 10	 156; 10
	κβ 22	ρoα ιθ 171; 19	ρoα[60] η 171; 8	ρoα ιε 171; 15	 171; 15
col. 7	♊				
	α 1	ς ις 6; 16	ς κ 6; 20	ς ις 6; 16	 6; 16
	κδ 24	θ η 9; 8	θ ζ 9; 7	θ ζ 9; 7	 9; 8

Col. 2 : *infra col. 2 add* κζ ν H (κζ *deletum*) F
Col. 4 : *infra col. 4 add* κθ νδ HF
Col. 6 : *infra col. 6 add* λβ ις HF

A1(III)

H, f. 76
Ορθη σφαιρα συνμεσουρανουσα πανταχει

♂	Καρκινου		Λεοντος		Παρθενου	
μοι	Ανα φοραι μο ξ	ωρων ξ α΄ ξ	Ανα φοραι μο ξ	ωρων ξ α΄ ξ β΄	Ανα φοραι μο ξ	ωρων ξ α΄ ξ β΄

Infra tabulam add H uncialibus litteris : π̊ β α ισος αφ α β ξ αφ ξ γ δ ε

M : *deest*

[58] *deletus* : μς *scripserat ut videtur* H
[59] ι *forse post corr scripsit* H
[60] -ο- *s l scripsit* H

v, f. 23 :
Ορθης σφαιρας συνμεσουρανηματι πανταχοῦ

	Cancri figura		*Leontis figura*		*Virginis figura*	
μ°	Αναφο ραι	ωρων ξ ξ	Αναφο ραι	ωρων ξ ξ	Αναφο ραι	ωρων ξ ξ

Variantes numériques

		F	**H**	**v**	**Calcul**
col 2	♋				
	ιβ 12	ϙϚγ ε 193; 5	ϙϚγ <.>[61] 193; <.>	ϙϚγ ε 193; 5	193; 5
col. 3	♋				
	δ 4	ια ιε 11; 15	ια ιε[62] 11; 15	ια ιε 11; 15	11; 16
	ε 5	ια κη 11; 28	ια κη 11; 28	ια κθ 11; 29	11; 28
	ιγ 13	ιγ η 13; 8	ιβ η 12; 8	ιγ η 13; 8	13; 8
	κε 25	ιε α 15; 1	ιδ[63] α 14; 1	ιε α 15; 1	15; 1
col. 4	♌				
	κζ 27	σλθ ιζ 239; 17	σλθ ις 239; 16	σλθ ις 239; 16	239; 16
	κη 28	σμ ιδ 240; 14	σμ ια 240; 11	σμ ιδ 240; 14	240; 14
col. 5	♌				
	ι 10	ις ιε 16; 15	ις ιε 16; 15	ις ιβ[64] 16; 12	15; 41
	ιη 18	ιε ιθ 15; 19	ιε ιη 15; 18	ιε ιθ 15; 19	15; 13
col. 7	♍				
	κ 20	η ιθ 8; 19	η <.>[65]θ 8; <.>9	η ιθ 8; 19	8; 19

61 *numerus erasus* H
62 ιε *post corr scripsit* H
63 ΙΔ^Ε *sic* H
64 -β *post correctionem* v
65 ι *deletus ut videtur* H

	λ 30	ε λδ 5; 34	ε λγ 5; 33	ε λγ 5; 33	 5; 33

Col. 2 : *infra col. 2 add* λβ ις HF
Col. 4 : *infra col. 4 add* κθ νδ HF
Col. 6 : *infra col. 6 add* κζ ν HF

A1 (IV)

H, f. 76v :
Ορθη σφαιρα συνμεσουρανουσα πανταχει

♂	Ζυγου		Σκορπιου		Τοξοτου	
μ°	Ανα φοραι μ° ξ	ωρων ξ α΄ ξ β΄	Αναφ οραι μ° ξ	ωρων ξ α΄ ξ β΄	Αναφο ραι μ° ξ	ωρων ξ α΄ ξ β΄

Infra tabulam add H : ισοτητος α β

M : *deest*

v, f. 23v :

Ορθῆς σφαιρας συνμεσουρανηματι πανταχοῦ

	Librae figura		*Scorpii figura*		*Sagittarii figura*	
μ°	Αναφο ραι	ωρων ξ ξ	Αναφο ραι	ωρων ξ ξ	Αναφο ραι	ωρων ξ ξ

Variantes numériques

		F	H	v	Calcul
col. 2	♎				
	κζ 27	σϟδ[66] νθ 294; 59	σϟε νθ 295; 59	σϟδ νθ 294; 59	 294; 59
	κη 28	σϟε νς 295; 56	σϟς νς 296; 56	σϟε νς 295; 56	 295; 56
	κθ 29	σϟς νγ 296; 53	σϟζ νγ 297; 53	σϟς νγ 296; 53	 296; 53
	λ 30	σϟζ ν 297; 50	σϟη ν 298; 50	σϟζ ν 297; 50	 297; 50
col. 3	♎				
	ιβ 12	β λα 2; 31	β λ 2; 30	β λα 2; 31	 2; 37
	ιδ 14	β η 2; 8	β θ 2; 9	β η 2; 8	 2; 14
	ις 16	α μη 1; 48	α μζ 1; 47	α μζ 1; 47	 1; 50
	λ 30	ō ō 0; 0	ō ς 0; 6	ō ō 0; 0	 0; 0
col. 4	♏				
	δ 4	τα μβ 301; 42	τα με 301; 45	τα μβ 301; 42	 301; 42
col. 5	♏				
	ιη 18	α ιγ 1; 13	α ιγ 1; 13	α ιε 1; 15	 1; 13
	κς 26	γ ζ 3; 7	β ζ 2; 7	γ ζ 3; 7	 3; 8

Col. 2 : *infra col. 2 add* κζ ν F *add* κζ ν H
Col. 3 : *infra col. 3 add* νγ *vel* μγ H
Col. 4 : *infra col. 4 add* κθ νδ HF
Col. 6 : *infra col. 6 add* λβ ις HF

Col 6 *rescripsit al m* H

A2, 1 (I)

H, f. 77 :

[66] -δ *post correctionem* F

Κλιμα α αναφορας του δια Μεροης (*add al m* ω^{ρ} ιγ μ^{οι} ις λε^{α} κζ)

♂	Κριου		Ταυρου		Διδυμων	
μ^{o}	Ανα φοραι μ^{o} ξ	ωρων χρονοι ξ α΄ ξ β΄	Αναφο ραι μ^{o} ξ	ωρων χρονοι ξ α΄ ξ β΄	Αναφο ραι μ^{o} ξ	ωρων χρονοι ξ α΄ ξ β΄

Infra tabulam scholium uncialibus litteris add H :
Ζητων ευριν τας αναφορας των ζωδιων λαμβανε τας αναφορας τας παρακειμενας τη λ μ° εκαστου ζωδιου ουτως · ζητων τας του Κριου λαμβανε τας του Ταυρου και υφεξελε τας του Κριου, και ζητων τας του Ταυρου λαμβανε τας των Διδυμων, και ουτως εφεξης επι εκαστω ζωδιω και κλιματι.

αφε ξ ιγ ιβ ια ι   αφ θ η ς ε δ   αφα ισοτη ι̊ β γ δ ε

M : *deest*

v, f. 24 :
Κλίμα α αναφορα τοῦ δια Μερόης ω^{ρ} ιγ μ^{o} ις κζ

	Arietis figura		*Tauri figura*		*Geminorum figura*	
μ^{o}	Αναφο ραι	ωρων χρονων	Αναφο ραι	ωρων χρονων	Αναφο ραι	ωρων χρονων

Variantes numériques

		F	H	v	Calcul
col. 2	♈				
	γ 3	β κα 2; 21	β κα[67] 2; 21	β κβ 2; 22	 2; 22
col. 4	♉				
	κ 20	μα νς 41; 56	μα νζ 41; 57	μα νζ 41; 57	 41; 57
col. 6	♊				
	ιθ 19	ο λθ 70; 39	ο̄ λθ 0; 39	ο λθ 70; 39	 70; 40

Col. 2 : *infra col. 2 add* κδ κ HF

[67] -α *post corr* H

Col. 4 : *infra col. 4 add* κζ δ HF
Col. 6 : *infra col. 6 add* λα ς H (-α *post corr*), F

A2,1 (II)

H, f. 77v :
Πλα(τος) και εξαρμα
ισ^η ω^ρ ιγ μ^ο ις λ^ε κζ

♂	Καρκινου		Λεωντος		Παρθενου	
μ°	Αναφο ραι μ° ξ	ωρων χρονοι ξ α΄ ξ β΄	Αναφο ραι μ° ξ	ωρων χρονοι ξ α΄ ξ β΄	Αναφο ραι μ° ξ	ωρων χρονοι ξ α΄ ξ β΄

add infra tabulam uncialibus litteris :
ηԥ ξ΄ς ζ η (col. 2) ηԥ ζ ς ε δ (col. 4) ηԥ δ γ β (col. 5)

M : *deest*

v, f. 24v :
Κλίμα α τοῦ δια Μερόης ωρων ιγ μ° ις κζ

	Cancri figura		*Leontis figura*		*Virginis figura*	
μ°	Αναφο ραι	ωρων χρονων	Αναφο ραι	ωρων χρονων	Αναφο ραι	ωρων χρονων

Variantes numériques

		F	H	v	Calcul
col. 2	♋				
	ιη 18	ρβ κθ 102; 29	ρβ κθ[68] 102; 29	ρβ κθ 102; 29	102; 29
col. 5	♌				
	γ 3	ις α 16; 1	ις λ[69] 16; 30	ις λ 16; 30	16; 1

Col. 2 : *infra col. 2 add* λγ κς HF
Col. 4 : *infra col. 4 add* λβ μα F λβ μδ H
Col. 6 : *infra col. 6 add* λα κ HF

---

[68] κ- *partim evanidus* H (ιθ *legitur*)
[69] λ- *incertum* H

A2,1 (III)

H, f. 78 :
Κλίμα α το διὰ Μερόης (*accentus add al m atque* $ω^{ρ}$ ιγ $μ^{οι}$ ις κζ)

♂	Ζυγου		Σκορπιου		Τοξοτου	
$μ^{o}$	Ανα φοραι	ωρων χρονοι	Αναφο ραι	ωρων χρονοι	Αναφο ραι	ωρων χρονοι

add infra tabulam uncialibus litteris :
ṁ δ ε ς ṁ ζ η ς (?)

M : *deest*

v, f. 25 :
Κλιμα α τοῦ δια Μερόης ωρων ιγ $μ^{o}$ ις κζ

	Librae figura		*Scorpii figura*		*Sagittarii figura*	
$μ^{o}$	Αναφο ραι	ωρων χρονων	Αναφο ραι	ωρων χρονων	Αναφο ραι	ωρων χρονων

Variantes numériques

		F	**H**	**v**	**Calcul**
col. 6	♐				
	κδ 24	σο νδ 270; 54	σο [70] νδ 270; 54	σο νδ 270; 54	 270; 54
col. 7	♐				
	ι 10	ιγ ν 13; 50	ιγ ν 13; 50	ιγ να 13; 51	 13; 50
	ιζ 17	ιγ μη 13; 48	ιγ μη 13; 48	ιγ μζ 13; 47	 13; 47

Col. 2 : *infra col. 2 add* λα κ HF
Col. 4 : *infra col. 4 add* λβ μδ HF
Col. 6 : *infra col. 6 add* λγ κς HF

A2, 1 (IV)

H, f. 78v :

[70] σξ *scripsit* H (ξ *cancellavit et in* ο *correxit*)

ισ(ημεριν-) ω^ϱ ιγ μ° ις κζ

♑	Αιγοκαιρου		Υδρηχοου		Ιχθυων	
μ°	Αναφο ραι	ωρων χρονοι	Αναφο ραι	ωρων χρονοι	Αναφο ραι	ωρων χρονοι

Infra tabulam scripsit uncialibus litteris :
συναδου Ιχθυες και Κριος Ταυρος Υδροχοω· Διδυ(μ ?) Αιγοκε (?) Τοξοτ(ης) Καρκινω (ου ?) Λεοντ(?)) Παρθ (εν ?)
ṁ ε δ γ β ισοτης αφ᾽ α αφ᾽γ δ ε ς αφ᾽ι ια ιβ ιγ

M : *deest*

v, f. 25v :
Κλιμα α τοῦ δια Μεροης ωρων ιγ μ° ις κζ

	Capri figura		*Aquarii figura*		*Piscium figura*	
μ°	Αναφο ραι	ωρων χρονων	Αναφο ραι	ωρων χρονων	Αναφο ραι	ωρων χρονων

Variantes numériques

		F	H	v	Calcul
col. 3	♑				
	ιβ 12	ιγ μζ 13; 47	ιγ μζ 13; 47	ιγ μη 13; 48	13; 47
	λ 30	ιγ νζ 13; 57	ιγ νς 13; 56	ιγ νζ 13; 57	13; 57
col. 6	♓				
	ιθ 19	τνα ιδ 351; 14	τνα ιδ 351; 14	τνα ιβ 351; 12	351; 14
	κε 25	τνς β 356; 2	τνε β 355; 2	τνς β 356; 2	356; 2

Col. 2 : *infra col. 2 add* λα ς HF
Col. 4 : *infra col. 4 add* κζ δ HF
Col. 6 : *infra col. 6 add* κδ κ H κδ F

A2, 2 (I)

H, f. 79 : *tabula a manu recentiore* (H[2]) *(XIV s.) addita sub titulo*
Ἀναφοραὶ τῶν διὰ συήνης. κλίμα β΄ωρ. ιγ <, μοι κγ να΄.

σ' μοιρα	Κρι	ος	Ταυ	ρος	Διδυ	μοι
σ' μοιρα	Κριοῦ ἀναφοραὶ	ὡρῶν χρόνοι	Ταύρου ἀναφοραὶ	ὡρῶν χρόνοι	Διδύμων ἀναφοραὶ	ὡρῶν χρόνοι

M : *deest*

v, f. 26 :
Κλίμα β το δια Σοήνης ὡρῶν ιγ < μ^{o} κγ λεπτα να

	Arietis figura		*Tauri figura*		*Geminorum figura*	
μ^{o}	Αναφο ραι	ωρων χρονων	Αναφο ραι	ωρων χρονων	Αναφο ραι	ωρων χρονων

Variantes numériques :

		F	H^2	v	Calcul
col. 4	♉				
	β 2	κδ ιγ 24; 13	*κδ ιγ* *24; 13*	κδ κγ 24; 23	 24; 13
	κ 20	λθ ια 39; 11	*λθ ια* *39; 11*	λθ ιβ 39; 12	 39; 12
col 6	♊				
	θ 9	νς νγ 56; 53	*νς νς* *56; 56*	νς νγ 56; 53	 56; 53
	κη 28	ος λθ 76; 39	*ος λθ* *76; 39*	ος λε 76; 35	 76; 35

Col. 2 : *infra col. 2 add* κβ λζ FH^2
Col. 4 : *infra col. 4 add* κε λ F κε λη H^2
Col. 6 : *infra col. 6 add* λ λ F H^2

A2, 2 (II)

H, f. 79v : *tabula a manu recentiore* (H^2) *(XIV s.) addita sub titulo*
κλίμα β΄τὸ διὰ συήνης. ωρ. ιγ <, μοι κγ λ$_{ε}$ να΄

σ'	Καρκίνου		Λέοντος		Παρθένου	
μ^{οι}	ἀναφ	ω^{ρ} χ^{ρ} ξ ξ	ἀναφ	ω^{ρ} χ^{ρ} ξ ξ	ἀναφ	ω^{ρ} χ^{ρ} ξ ξ

M : *deest*

v, f. 26v :
Κλίμα β το δια Σοηνης ωρῶν ιγ < μ^{o} κγ λεπτων να

	Cancri figura		*Leontis figura*		*Virginis figura*	
μ^{o}	Αναφο ϱαι	ωϱων χϱονων	Αναφο ϱαι	ωϱων χϱονων	Αναφο ϱαι	ωϱων χϱονων

Variantes numériques

		F	H^2	v	Calcul
col. 2	♋				
	ε 5	πδ ιζ 84; 17	*πδ ιδ* *84; 14*[71]	πδ ιζ 84; 17	 84; 17
col 4	♌				
	ια 11	ϱκε κε 125; 25	*ρκε κε* *125; 25*	ϱκε κς 125; 26	 125; 25
col 5	♌				
	κς 26	ιε νθ 15; 59	*ιε νθ* *15; 59*	ε νθ 5; 59	 15; 59
	κζ 27	ιε νζ 15; 57	*ιε νζ* *15; 57*	ε νζ 5; 57	 15; 57
	κη 28	ιε νε 15; 55	*ιε νε* *15; 55*	ε νε 5; 55	 15; 55
	κθ 29	ιε νδ 15; 54	*ιε νδ* *15; 54*	ε νγ 5; 53	 15; 54
	λ 30	ιε νβ 15; 52	*ιε νβ* *15; 52*	ε νβ 5; 52	 15; 52

Col. 2 : *infra col. 2 add* λδ β FH^2
Col. 4 : *infra col. 4 add* λδ ν F λδ H^2
Col. 6 : *infra col. 6 add* λγ γ FH^2

A2, 2 (III)

H, f. 80 :
Κλιμα β το δια Σοηνης (*add al m* ω^{ϱ} ιγ < μ^{οι} κγ λε^{α} να)

[71] ιδ /ζ (*sic*) *scripsit* H$_2$

☌	Ζυγου		Σκορπιου		Τοξοτου	
μ°	Ανα φοραι	ωρ χρονοι	Ανα φοραι	ωρων χρονοι	Ανα φοραι	ωρ χρονοι

M : deest

v, f. 27 :
Κλιμα β το δια Σοηνης ωρων ιγ < μ° κγ λεπτων να

	Librae figura		*Scorpii figura*		*Sagittarii figura*	
μ°	Αναφο ραι	ωρων χρονων	Αναφο ραι	ωρων χρονων	Αναφο ραι	ωρων χρονων

Variantes numériques

		F	**H**	**v**	**Calcul**
col. 4	♏				
	β 2	σιε ιζ 215; 17	σιε ιδ[72] 215; 14	σιε ιζ 215; 17	 215; 17
	ιθ 19	σλδ λδ 234; 34	σλδ λα 234; 31	σλδ λδ 234; 34	 234; 35
col. 6	♐				
	κθ 29	σπ θ 280; 9	σπ θ 280; 9	σπ ō 280; 0	 280; 9

Col. 2 : *infra col. 2 add* λγ γ FH
Col. 4 : *infra col. 4 add* λδ ι F λδ H
Col. 6 : *infra col. 6 add* λγ β F

A2, 2 (IV)

H, f. 80v :
Ισ(ημεριναι) ωᵨ ιγ < μ° κγ να

☌	Αιγοκερου		Υδρηχοου		Ιχθυων	
μ°	Ανα φοραι	ωρων χρονοι	Ανα φοραι	ωρων χρονοι	Ανα φοραι	ωρων χρονοι

M : *deest*

v, f. 27v :

---

[72] ιδ *in* ιζ *correxit ead m* H

Κλιμα β το δια Σοηνης ωρων ιγ < μ° κγ λεπτων να

	Capri figura		*Aquarii figura*		*Piscium figura*	
μ°	Αναφο ραι	ωρων χρονων	Αναφο ραι	ωρων χρονων	Αναφο ραι	ωρων χρονων

Variantes numériques :

		F	**H**	**v**	**Calcul**
col. 3	♑				
	κ 20	ιγ ις 13; 16	ιγ ις 13; 16	ιγ ιε 13; 15	13; 16
col 4	♒				
	ια 11	τκα μ 321; 40	τκα μ 321; 40	τκα μβ 321; 42	321; 40
	κζ 27	τλδ νθ 334; 59	τλδ νζ 334; 57	τλδ νζ 334; 57	334; 59
	κη 28	τλε μη 335; 48	τλε μς 335; 46	τλε μς 335; 46	335; 47
col 5	♒				
	δ 4	ιγ λ 13; 30	ιγ λ 13; 30	ιγ λα 13; 31	13; 30
	ζ 7	ιγ λδ 13; 34	ιγ λδ 13; 34	ιγ λγ 13; 33	13; 34
	η 8	ιγ λε 13; 35	ιγ λε 13; 35	ιγ λδ 13; 34	13; 35
	θ 9	ιγ λς 13; 36	ιγ λς 13; 36	ιγ λε 13; 35	13; 36
	ι 10	ιγ λζ 13; 37	ιγ λζ 13; 37	ιγ λς 13; 36	13; 37
	ια 11	ιγ λθ 13; 39	ιγ λθ 13; 39	ιγ λζ 13; 37	13; 39
	ιβ 12	ιγ μ 13; 40	ιγ μ 13; 40	ιγ λθ 13; 39	13; 40
	ιγ 13	ιγ μβ 13; 42	ιγ μβ 13; 42	ιγ μ 13; 40	13; 42
	ιδ 14	ιγ μγ 13; 43	ιγ μγ 13; 43	ιγ μβ 13; 42	13; 43
	ιε 15	ιγ με 13; 45	ιγ με 13; 45	ιγ μγ 13; 43	13; 45
	ις 16	ιγ μς 13; 46	ιγ μς 13; 46	ιγ με 13; 45	13; 46

	ιζ 17	ιγ μζ 13; 47	ιγ μζ 13; 47	ιγ μς 13; 46	13; 48
	ιη 18	ιγ μθ 13; 49	ιγ μθ 13; 49	ιγ μζ 13; 47	13; 49
	ιθ 19	ιγ να 13; 51	ιγ να 13; 51	ιγ μθ 13; 49	13; 50
	κ 20	ιγ νβ 13; 52	ιγ νβ 13; 52	ιγ να 13; 51	13; 52
	κα 21	ιγ νγ 13; 53	ιγ νγ 13; 53	ιγ νβ 13; 52	13; 53
	κβ 22	ιγ νε 13; 55	ιγ νε 13; 55	ιγ νγ 13; 53	13; 55
	κγ 23	ιγ νζ 13; 57	ιγ νζ 13; 57	ιγ νε 13; 55	13; 57
	κδ 24	ιγ νη 13; 58	ιγ νη 13; 58	ιγ νζ 13; 57	13; 58
	κε 25	ιδ ō 14; 0	ιδ ō 14; 0	ιγ νη 13; 58	14; 0
	κς 26	ιδ α 14; 1	ιδ α 14; 1	ιδ ō 14; 0	14; 2
	κζ 27	ιδ γ 14; 3	ιδ γ 14; 3	ιδ α 14; 1	14; 3
	κη 28	ιδ ε 14; 5	ιδ ε 14; 5	ιδ γ 14; 3	14; 5
	κθ 29	ιδ ς 14; 6	ιδ ς 14; 6	ιδ ε 14; 5	14; 6
	λ 30	ιδ η 14; 8	ιδ η 14 ; 8	ιδ ς 14; 6	14; 8

Col. 2 : *infra col. 2 add* λ λ HF
Col. 4 : *infra col. 4 add* κε λη HF
Col. 6 : *infra col. 6 add* κβ λζ HF

A2, 3 (I)

H, f. 81 :
Κλιμα γ αναφορα του δια της κατω χωρας (*add al m* μοι λ λε κβ ωρ ιδ μ[οι] λ λε κβ)

♂	Κριου		Ταυρου		Διδυμων	
μ°	Ανα φοραι	ωρων χρονοι	Αναφο ραι	ωρων χρονοι	Αναφο ραι	ωρων χρονοι

M : deest

v, f. 28 :
Κλίμα γ το δια της κατω χωρας ωρων ιδ μ° λ λεπτῶν κβ

	Arietis figura		*Tauri figura*		*Geminorum figura*	
μ°	Αναφοραι	ωρων χρονων	Αναφοραι	ωρων χρονων	Αναφοραι	ωρων χρονων

Variantes numériques

		F	H	v	Calcul
col. 3	♈				
	κς 26	ις ō 16; 0	ιε ō [73] 15; 0	ις ō 16; 0	 16; 1
col. 4	♉				
	ι 10	κη κζ 28; 27	κη κς 28; 26	κη κς 28; 26	 28; 26
col 5	♉				
	κζ 27	ιζ β 17; 2	ιζ β 17; 2	ιζ α 17; 1	 17; 2
col 6	♊				
	κς 26	ο μδ 70; 44	ō μδ 0; 44	ο μδ 70; 44	 70; 44
	κθ 29	ογ νε 73; 55	ογ νς 73; 56	ογ νς 73; 56	 73; 56
col 7	♊				
	ις 16	ιζ κδ 17; 24	ιζ κδ 17; 24	ιζ κε 17; 25	 17; 24
	ιζ 17	ιζ κε 17; 25	ιζ κε 17; 25	ιζ κς 17; 26	 17; 25
	ιη 18	ιζ κς 17; 26	ιζ κς 17; 26	ιζ κζ 17; 27	 17; 26
	κ 20	ιζ κζ 17; 27	ιζ κζ 17; 27	ιζ κη 17; 28	 17; 27
	κδ 24	ιζ κη 17; 28	ιζ κθ 17; 29	ιζ κη 17; 28	 17; 29

[73] *primum scripserat* ιε ō, *correxit in* ις ō H

Col. 2 : infra col. 2 add κ νγ HF
Col. 4 : infra col. 4 add κδ ιβ HF
Col. 6 : infra col. 6 add κθ νε H νε F

A2, 3 (II)

H, f. 81v
ισ(ημερινai) ωρ ιδ μ° λ κβ

σ	Καρκινου		Λεοντος		Παρθενου	
μ°	Ανα φοραι	ωρων χρονοι	Ανα φοραι	ωρων χρονοι	Ανα φοραι	ωρων χρονοι

M : *deest*

v, f. 28v :
Κλιμα γ το δια της κατω χωρας ώρῶν ιδ μ° λ λε κβ

	Cancri figura		*Leontis figura*		*Virginis figura*	
μ°	Αναφο ραι	ωρων χρονων	Αναφο ραι	ωρων χρονων	Αναφο ραι	ωρων χρονων

Variantes numériques

		F	**H**	**v**	**Calcul**
col. 2	♋				
	κα 21	Ϛη νζ 98; 57	Ϛη νς 98; 56	Ϛη νζ 98; 57	 98; 57
	λ 30	ρθ λζ 109; 37	ρθ λζ 109; 37	ρθ λθ 109; 39	 109; 37
col 5	♌				
	ιη 18	ις λε 16; 35	ις λε 16; 35	ις λδ 16; 34	 16; 35
	ιθ 19	ις λγ 16; 33	ις λγ 16; 33	ις λβ 16; 32	 16; 33
col. 7	♍				
	η 8	ιε να 15; 51	ιε νβ 15; 52	ιε να 15; 51	 15; 52
	θ 9	ιε μθ 15; 49	ιε ν 15; 50	ιε μθ 15; 49	 15; 49
	ι 10	ιε μζ 15; 47	ιε μθ 15; 49	ιε μζ 15; 47	 15; 47

	ια 11	ιε με 15; 45	ιε μζ 15; 47	ιε με 15; 45	15; 45
	ιβ 12	ιε μβ 15; 42	ιε με 15; 45	ιε μβ 15; 42	15; 42
	ιγ 13	ιε μ 15; 40	ιε μβ 15; 42	ιε μ 15; 40	15; 40

Col. 2 : *infra col. 2 add* λδ λη̣Η λδ λζ F
Col. 4 : *infra col. 4 add* λε λε̣Η λε λς F
Col. 6 : *infra col. 6 add* λδ μζ̣ HF

A2, 3 (III)

H, f. 82
Κλιματος γ του δια της κατω χωρας (*add al m* μοι λ λε κβ)

ϭ	Ζυγου		Σκορπιου		Τοξοτου	
μ°	Ανα φοραι	ωρων χρονοι	Ανα φοραι	ωρων χρονοι	Ανα φοραι	ωρων χρονοι

M : *deest*

v, f. 29 :
Κλιμα γ το δια τῆς κατω χωρας ὡρῶν ιδ μ° λ λε κβ

	Librae figura		*Scorpii figura*		*Sagittarii figura*	
μ°	Αναφο ραι	ωρων χρονων	Αναφο ραι	ωρων χρονων	Αναφο ραι	ωρων χρονων

Variantes numériques :

		F	H	v	Calcul
col. 4	♏				
	λ 30	σν κγ 250; 23	σν κβ 250; 22	σν κγ 250; 23	250; 23
col. 7	♐				
	ιγ 13	ιβ λη 12; 38	ιβ λη 12; 38	ιβ λθ 12; 39	12; 38

Col. 2 : *infra col. 2 add* λδ μζ HF
Col. 4 : *infra col. 4 add* λε λε H λε λς F

Col. 6 : *infra col. 6 add* λδ λη H λδ λζ F

A2, 3 (IV)

H, f. 82v
ισ(ημεριναι) ωρ ιδ (*spatium)* μ° λ κβ (*spatium*) ε

☌	Αιγοκερου		Υδρηχοου		Ιχθυων	
μ°	Ανα φοραι	ωρων χρονοι	Αναφο ραι	ωρων χρονοι	Αναφο ραι	ωρων χρονοι

M : *deest*

v, f. 29v :
Κλιμα γ το δια της κατω χωρας ωρων ιδ μ° λ $λ_{ε}$ κβ

	Capri figura		*Aquarii figura*		*Piscium figura*	
μ°	Αναφο ραι	ωρων χρονων	Αναφο ραι	ωρων χρονων	Αναφο ραι	ωρων χρονων

Variantes numériques

		F	H	v	Calcul
col. 4	♒				
	α 1	τιε μζ 315; 47	τιε μζ 315; 47	τιε μς 315; 46	315; 47
	β 2	τις λθ 316; 39	τις λθ 316; 39	τις λη 316; 38	316; 39
	γ 3	τιζ λα 317; 31	τιζ λα 317; 31	τιζ λ 317; 30	317; 31
	δ 4	τιη κγ 318; 23	τιη κγ 318; 23	τιη κα 318; 21	318; 23
	ε 5	τιθ ιε 319; 15	τιθ ιε 319; 15	τιθ ιγ 319; 13	319; 15
	ς 6	τκ ζ 320; 7	τκ ζ 320; 7	τκ ε 320; 5	320; 7

	ζ 7	τκ νθ 320; 59	τκ νθ 320; 59	τκ νς 320; 56	 320; 59
	η 8	τκα ν 321; 50	τκα ν 321; 50	τκα μη 321; 48	 321; 50
	θ 9	τκβ μα 322; 41	τκβ μα 322; 41	τκβ μ 322; 40	 322; 41
	ια 11	τκδ κγ 324; 23	τκδ κγ 324; 23	τκδ κ 324; 20	 324; 21
	ιβ 12	τκε ι 325; 10	τκε ι 325; 10	τκε η 325; 8	 325; 10
	ιγ 13	τκε νη 325; 58	τκε νη 325; 58	τκε νς 325; 56	 325; 58
	ιδ 14	τκς μς 326; 46	τκς μς 326; 46	τκς μδ 326; 44	 326; 46
	ιε 15	τκζ λδ 327; 34	τκζ λδ 327; 34	τκζ λγ 327; 33	 327; 34
	ις 16	τκη κβ 328; 22	τκη κβ 328; 22	τκη κα 328; 21	 328; 22
	ιη 18	τκθ νη 329; 58	τκθ νη 329; 58	τκθ νζ 329; 57	 329; 58
	ιθ 19	τλ μς 330; 46	τλ μς 330; 46	τλ με 330; 45	 330; 46
	κα 21	τλβ κβ 332; 22	τλβ κβ[74] 332; 22	τλβ ιθ 332; 19	 332; 20
	κβ 22	τλγ ς 333; 6	τλγ ς 333; 6	τλγ λ 333; 30	 333; 6
	κγ 23	τλγ νβ 333; 52	τλγ νβ 333; 52	τλγ μθ 333; 49	 333; 52
	κδ 24	τλδ λζ 334; 37	τλδ λζ 334; 37	τλδ λε 334; 35	 334; 37
	κε 25	τλε κβ 335; 22	τλε κβ 335; 22	τλε κ 335; 20	 335; 22
	κς 26	τλς ζ 336; 7	τλς ζ 336; 7	τλς ε 336; 5	 336; 7
	κζ 27	τλς νβ 336; 52	τλς νβ 336; 52	τλς να 336; 51	 336; 52
	κη 28	τλζ λζ 337; 37	τλζ λζ 337; 37	τλζ λς 337; 36	 337; 37

[74] κβ : -β *post correctionem* H

	κθ 29	τλη κβ 338; 22	τλη κβ 338; 22	τλη κα 338; 21	338; 22
col. 5	♒				
	α 1	ιβ νε 12; 55	ιβ νε 12; 55	ιβ νς 12; 56	12; 55
col. 6	♓				
	ια 11	τμς νθ 346; 59	τμς νθ 346; 59	τμς νη 346; 58	346; 59
	ιβ 12	τμζ μα 347; 41	τμζ μδ 347; 44	τμζ μ 347; 40	347; 41
	ιγ 13	τμη κγ 348; 23	τμη κγ 348; 23	τμη κα 348; 21	348; 23
	ιδ 14	τμθ ε 349; 5	τμθ ε 349; 5	τμθ γ 349; 3	349; 5
	ιε 15	τμθ μζ 349; 47	τμθ μζ 349; 47	τμθ μδ 349; 44	349; 47
	ις 16	τν κη 350; 28	τν κη 350; 28	τν κς 350; 26	350; 28
	ιζ 17	τνα θ 351; 9	τνα θ 351; 9	τνα ζ 351; 7	351; 9
	ιη 18	τνα ν 351; 50	τνα ν 351; 50	τνα μθ 351; 49	351; 50
	ιθ 19	τνβ λα 352; 31	τνβ λα 352; 31	τνβ λ 352; 30	352; 31
	κα 21	τνγ νγ 353; 53	τνγ νγ 353; 53	τνγ ιβ 353; 12	353; 53
	κβ 22	τνδ λδ 354; 34	τνδ λδ 354; 34	τνδ λγ 354; 33	354; 34
	κγ 23	τνε ιε 355; 15	τνε ιε 355; 15	τνε ιδ 355; 14	355; 15
	κδ 24	τνε νς 355; 56	τνε νς 355; 56	τνε νε 355; 55	355; 56
	κε 25	τνς λζ 356; 37	τνς λζ 356; 37	τνς λς 356; 36	356; 37
	κς 26	τνζ ιη 357; 18	τνζ ιη 357; 18	τνζ ις 357; 16	357; 18
	κζ 27	τνζ νθ 357; 59	τνζ νθ 357; 59	τνζ νζ 357; 57	357; 59
	κη 28	τνη λε 358; 35	τνη λθ 358; 39	τνη λη 358; 38	358; 40

	κθ 29	τνθ κ 359; 20	τνθ κ 359; 20	τνθ ιθ 359; 19	359; 20

Col. 2 : *infra col. 2 add* κθ νε HF
Col. 4 : *infra col. 4 add* κδ ιβ HF
Col. 6 : *infra col. 6 add* κ νγ HF

A2, 4 (I)

H, f. 83 : Κλιματ°ος (*sic*) δ αναφορα του δια Ροδου (*add al m* ωρ ιδ < μοι λς ō)

♂	Κριου		Ταυρου		Διδυμων	
μ°	Ανα φοραι	ωρων χρονοι	Ανα φοραι	ωρων χρονοι	Ανα φοραι	ωρων χρονοι

M : *deest*
v, f. 30 : Κλιμα δ το δια Ροδου ὡρῶν ιδ < μ° λς ō

	Arietis figura		*Tauri figura*		*Geminorum figura*	
μ°	Αναφο ραι	ωρων χρονων	Αναφο ραι	ωρων χρονων	Αναφο ραι	ωρων χρονων

Variantes numériques :

		F	H	v	Calcul
col. 2	♈				
	κς 26	ις λβ 16; 32	ις λδ 16; 34	ις λβ 16; 32	16; 32
col. 6	♊				
	ι 10	να νδ 51; 54	ν νδ 50; 54	ν[75] να 50; 54	50; 54
	ια 11	να νβ 51; 52	να νβ 51; 52	νβ νβ 52; 52	51; 52
	ιβ 12	να ν 52; 50	νβ ν 52; 50	νγ ν 53; 50	52; 50
	ιγ 13	νγ μζ 53; 47	νγ μζ 53; 47	νδ μη 54; 48	53; 48
	ιδ 14	νδ μς 54; 46	νδ μς 54; 46	νε μζ 55; 47	54; 47

[75] να *infra lineam scripsit* v

	ιε 15	νε μς 55; 46	νε μς 55; 46	νς μς 56; 46	55; 46
	ις 16	νς με 56; 45	νς με 56; 45	νζ με 57; 45	56; 45
	ιζ 17	νζ μδ 57; 44	νζ μδ 57; 44	νη μδ 58; 44	57; 44
	ιη 18	νη μγ 58; 43	νη μγ 58; 43	νθ μγ 59; 43	58; 43
	ιθ 19	νθ μβ 59; 42	νθ μβ 59; 42	ξ μβ 60; 42	59; 42
	κ 20	ξ μα 60; 41	ξ μα 60; 41	ξα μ(.)[76] 61; 4(.)	60; 41
	κα 21	ξα μδ 61; 44	ξα μδ 61; 44	ξβ μδ 62; 44	61; 44
	κβ 22	ξβ μζ 62; 47	ξβ μζ 62; 47	ξγ μζ 63; 47	62; 47
	κγ 23	ξγ ν 63; 50	ξγ ν 63; 50	ξδ ν 64; 50	63; 50
	κδ 24	ξδ νγ 64; 53	ξδ νγ 64; 53	ξε νγ 65; 53	64; 53
	κε 25	ξε νς 65; 56	ξε νς 65; 56	ξς νς 66; 56	65; 56
	κς 26	ξς νθ 66; 59	ξς νθ 66; 59	ξ(.)[77]νθ 6(.); 59	66; 59
	κζ 27	ξη γ 68; 3	ξη γ 68; 3	ξ(.)[78] γ 6(.); 3	68; 3
	κη 28	ξθ ζ 69; 7	ξθ ζ 69; 7	ο ζ 70; 7	69; 7
	κθ 29	ο ια 70; 11	ο ια 70; 11	οα ια 71; 11	70; 11
	λ 30	οα ιε 71; 15	οα ιε 71; 15	-- ιε -; 15	71; 15

Col. 2 : *infra col. 2 add* ιθ ιβ HF
Col. 4 : *infra col. 4 add* κβ μς HF
Col. 6 : *infra col. 6 add* κθ ιζ HF

---

[76] *una litt eras* v
[77] *una litt eras* v
[78] *una litt eras* v

A2, 4 (II)

H, f. 83v
ισ(ημεριναι) ωρ ιδ < μ° λς (*spatium*) ō

♂	Καρκινου		Λεοντος		Παρθενου	
μ°	Ανα φοραι	ωρων χρονοι	Ανα φοραι	ωρων χρονοι	Ανα φοραι	ωρων χρονοι

M : *deest*

v, f. 30v :
Κλίμα δ το δια Ροδου ωρων ιδ < μ° λς ō

	Cancri figura		*Leontis figura*		*Virginis figura*	
μ°	Αναφο ραι	ωρων χρονων	Αναφο ραι	ωρων χρονων	Αναφο ραι	ωρων χρονων

Variantes numériques :

		F	**H**	**v**	**Calcul**
col. 2	♋				
	ι 10	πβ λα 82; 31	πβ λδ 82; 34	πβ λα 82; 31	82; 31
	ιγ 13	πς α 86; 1	πε α 85; 1	πς α 86; 1	86; 1
col. 3					
	κη 28	ιζ μα 17; 41	ιζ μα 17; 41	ιζ μβ 17; 42	17; 41
col. 4	♌				
	β 2	ρη νη 108; 58	ρη νθ 108; 59	ρη νη 108; 58	108; 58
	ζ 7	ριε η 115; 8	ριε η[79] 115; 8	ριε η 115; 8	115; 8
	η 8	ρις κβ 116; 22	ρις κβ[80] 116; 22	ρις κβ 116; 22	116; 22
col. 5	♌				
	γ 3	ιζ λβ 17; 32	ιζ λε 17; 35	ιζ λβ 17; 32	17; 32
	ιζ 17	ιζ ō 17; 0	ις ō 16; 0	ιζ ō 17; 0	17; 0

[79] η *post corr* H
[80] κβ *post corr* H

	κζ 27	ις λδ 16; 34	ις λδ 16; 34	ις μδ 16; 44	16; 34
col. 6	♍				
	ις 16	ρξγ β 163; 2	ρξγ β[81] 163; 2	ρξβ β 162; 2	163; 3
	ιζ 17	ρξδ ιε 164;15	ρξδ ιε 164;15	ρξγ ιε 163; 15	164; 16

Col. 2 : *infra col. 2 add* λε ιε HF
Col. 4 : *infra col. 4 add* λζ γ HF
Col. 6 : *infra col. 6 add* λς κζ HF

A2, 4 (III)

H, f. 84
Κλιμα δ το δια Ροδου(*add al m* μοι λς ō)

σ'	Ζυγου		Σκορπιου		Τοξοτου	
μ°	Ανα φοραι	ωρων χρονοι	Ανα φοραι	ωρων χρονοι	Ανα φοραι	ωρων χρονοι

M : *deest*

v, f. 31 :
Κλιμα δ το δια Ρόδου ὡρων ιδ < μ° λς ō

	Librae figura		*Scorpii figura*		*Sagittarii figura*	
μ°	Αναφο ραι	ωρων χρονων	Αναφο ραι	ωρων χρονων	Αναφο ραι	ωρων χρονων

Variantes numériques :

		F	H	v	Calcul
col. 5	♏				
	κδ 24	ιβ λε 12; 35	ιβ λε[82] 12; 35	ιβ λε 12; 35	12; 35
col 6	♐				
	κβ 22	σοθ μζ 279; 47	σοθ μζ 279; 47	σοθ μθ 279; 49	279; 45

[81] ρξβ *primum scripserat; in* ρξγ *correxit eadem manus ut videtur* H
[82] λε *post corr* H

	κγ 23	σπ νδ 280; 54	σπ νδ 280; 54	σπ νζ 280; 57	280; 53
	λ 30	σπη με 288; 45	<...> με [83] <...>; 45	σπη με 288; 45	288; 45
col. 7	♐				
	κα 21	ια νς 11; 56	ια νς 11; 56	ια νε 11; 55	11; 56
	κγ 23	ια νε 11; 55	ια <.>[84] 11; <. >	ια νε 11; 55	11; 55

Col. 2 : *infra col. 2 add* λς κζ HF
Col. 4 : *infra col. 4 add* λζ γ HF
Col. 6 : *infra col. 6 add* λε ιε H (ιε *incertum*[85]) F

A2, 4 (IV)

H, f. 84v
ωϱ ιδ < *(spatium)* μ° λς *(spatium)* ō

♂	Αιγοκεϱου		Υδϱιχοου		Ιχθυων	
μ°	Ανα φοϱαι	ωϱων χϱονοι	Ανα φοϱαι	ωϱων χϱονοι	Ανα φοϱαι	ωϱων χϱονοι

M : *deest*

v, f. 31v :
Κλιμα δ το δια Ρόδου ωϱων ιδ < μ° λς ν

	Capri figura		*Aquarii figura*		*Piscium figura*	
μ°	Αναφο ϱαι	ωϱων χϱονων	Αναφο ϱαι	ωϱων χϱονων	Αναφο ϱαι	ωϱων χϱονων

Variantes numériques

		F	H	v	Calcul
col. 2	♑				
	γ 3	σϟα νζ 291; 57	σϟα νζ 291; 57	σϟα να 291; 51	291; 57

[83] < ...> *numerus deletus, non legi potest* H
[84] <.> *numerus evanidus, non legi potest* H
[85] -ε *erasus* H

	κα 21	τι ō 310; 0	τι ς 310; 6	τι ō 310; 0	 310; 0
	λ 30	τιη β 318; 2	τιη δ[86] 318; 4	τιη β 318; 2	 318; 2
col. 4	♒				
	κα 21	τλδ λ 334; 30	τλδ λ 334; 30	τλδ λβ 334; 32	 334; 30
	κβ 22	τλε ιβ 335; 12	τλε ιβ 335; 12	τλε ιγ 335; 13	 335; 12
col. 5	♒				
	ι 10	ιβ μς 12; 46	ιβ μγ 12; 43	ιβ μγ 12; 43	 12; 43
	ιγ 13	ιβ ν 12; 50	ιβ ν 12; 50	ιβ να 12; 51	 12; 50
	κθ 29	ιγ λα 13; 31	ιγ λα 13; 31	ιγ λβ 13; 32	 13; 31
col. 7	♓				
	λ 30	ιδ ō 14; 0	ιε[87] ō 15; 0	ιδ ō 14; 0	 15; 0

Col. 2 : *infra col. 2 add* κθ ιζ HF
Col. 4 : *infra col. 4 add* κβ μς HF
Col. 6 : *infra col. 6 add* ιθ ιβ[88] H

A2, 5 (I)

H, f. 85
Κλιματος ε αναφορα του δι΄Ελλησποντου (*rubro colore*) (*add al m* ωϱ ιε μ^{οι} μ νς)

♂	Κϱιου		Ταυϱου		Διδυμων	
μ°	Ανα φοϱαι	ωϱων χϱονοι	Ανα φοϱαι	ωϱων χϱονοι	Ανα φοϱαι	ωϱων χϱονοι

M : *deest*

v, f. 32 :

---

[86] τιη β *in* τιη δ (*vel* τιη δ *in* τιη β) *correxit* H
[87] ιε *post corr* H
[88] -β *incertus* H

Κλίμα ε το δι Ελλησπόντου ὡρῶν ισημερινῶν ιε μο μ νς

	Arietis figura		*Tauri figura*		*Geminorum figura*	
μο	Αναφο ραι	ωρων χρονων	Αναφο ραι	ωρων χρονων	Αναφο ραι	ωρων χρονων

Variantes numériques

		F	H	v	Calcul
col. 6	♊				
	β 2	μ λγ 40; 33	μ λγ[89] 40; 33	μ λγ 40; 33	40; 33
col. 7					
	ις 16	ιη λς 18; 36	ιη λε 18; 35	ιη λε 18; 35	18; 36
	ιζ 17	ιη λζ 18; 37	ιη λζ 18; 37	ιη λς 18; 36	18; 37
	ιη 18	ιη λη 18; 38	ιη λη 18; 38	ιη λζ 18; 37	18; 38
	ιθ 19	ιη λθ 18; 39	ιη λθ 18; 39	ιη λη 18; 38	18; 39
	κ 20	ιη μ 18; 40	ιη μ 18; 40	ιη λθ 18; 39	18; 40
	κα 21	ιη μα 18; 41	ιη μα[90] 18; 41	ιη μ 18; 40	18; 41
	κβ 22	ιη μβ 18; 42	ιη μβ[91] 18; 42	ιη μα 18; 41	18; 42
	κγ 23	ιη μγ 18; 43	ιη μγ 18; 43	ιη μβ 18; 42	18; 43
	κδ 24	ιη μγ 18; 43	ιη μγ 18; 43	ιη μβ 18; 42	18; 43
	κε 25	ιη μδ 18; 44	ιη μδ[92] 18; 44	ιη μβ 18; 42	18; 44
	κς 26	ιη μδ 18; 44	ιη μδ 18; 44	ιη μγ 8; 43	18; 44

89 λγ *post corr* H
90 μα *evanidus* H, *incertum est*
91 μβ *evanidus* H, *incertum est*
92 μδ *evanidus* H, *incertum est*

	κζ 27	ιη με 18; 45	ιη με 18; 45	ιη μγ 18; 43	18; 45
	κη 28	ιη με 18; 45	ιη με 18; 45	ιη μδ 18; 44	18; 45
	κθ 29	ιη μϛ 18; 46	ιη μϛ 18; 46	ιη με 18; 45	18; 46
	λ	ιη μϛ 18; 46	ιη μϛ 18; 46	ιη με 18; 45	18; 46

Col. 2 : *infra col. 2 add* ιζ λβ HF
Col. 4 : *infra col. 4 add* κα ιθ HF
Col. 6 : *infra col. 6 add* κη λθ HF

A2, 5 (II)
H, f. 85v
ισ(ημεριναι) ωϱ ιε μ° μ νϛ

☌	Καϱκινου		Λεοντος		Παϱθενου	
μ°	Ανα φοϱαι	ωϱων χϱονοι	Ανα φοϱαι	ωϱων χϱονοι	Ανα φοϱαι	ωϱων χϱονοι

Tabula partim rescripta a manu recentiore

M : *deest*

v, f. 32v :
Κλιμα ε το δι Ελλησπόντου ώϱων ἰσημεϱινων ιε μ° μ νϛ

	Cancri figura		*Leontis figura*		*Virginis figura*	
μ°	Αναφο ϱαι	ωϱων χϱονων	Αναφο ϱαι	ωϱων χϱονων	Αναφο ϱαι	ωϱων χϱονων

Variantes numériques :

H² : *Numeri rescripti litteris italicis sublineatis indicantur.*

		F	H/ H²	v	Calcul
col. 2	♋				
	δ 4	οβ β 72; 2	*οβ β* *72; 2*	οα β 71; 2	72; 2
	κα 21	ϟβ η 92; 8	*ϟβ γ* *92; 3*	ϟβ η 92; 8	92; 8
	κβ 22	ϟγ κγ 93; 23	*ϟβ ιε* *93; 15*	ϟγ κδ 93; 24	93; 23

	κγ 23	Ϛδ λη 94; 38	*Ϛδ κζ* *94; 27*	Ϛδ λη 94; 38	94; 38
	κδ 24	Ϛε νγ 95; 53	*Ϛε λθ* *95; 39*	Ϛε νγ 95; 53	95; 53
	κε 25	Ϛζ η 97; 8	*Ϛϛ να* *96; 51*	Ϛζ η 97; 8	97; 8
	κϛ 26	Ϛη κγ 98; 23	*Ϛη η* *98; 8*	Ϛη κγ 98; 23	98; 23
col. 3	♋				
	α 1	ιη με 18; 45	ιη μ*ϛ* *18; 46*	ιη με 18; 45	18; 45
	β 2	ιη μδ 18; 44	ιη μ*ε* *18; 45*	ιη μδ 18; 44	18; 44
	γ 3	ιη μδ 18; 44	ιη μ*ε* *18; 45*	ιη μδ 18; 44	18; 44
	δ 4	ιη μγ 18; 43	ιη μ*δ* *18; 44*	ιη μγ 18; 43	18; 43
	ε 5	ιη μγ 18; 43	ιη μ*δ* *18; 44*	ιη μγ 18; 43	18; 43
	ϛ 6	ιη μβ 18; 42	ιη μ*γ* *18; 43*	ιη μβ 18; 42	18; 43
	ζ 7	ιη μβ 18; 42	ιη μ*γ* *18; 43*	ιη μβ 18; 42	18; 42
	ια 11	ιη λθ 18; 39	ιη λ*θ* *18; 39*	ιη λη 18; 38	18; 39
	ιβ 12	ιη λη 18; 38	ιη λ*η* *18; 38*	ιη λζ 18; 37	18; 38
	ιγ 13	ιη λζ 18; 37	ιη *λζ* *18; 37*	ιη λϛ 18; 36	18; 37
	ιδ 14	ιη λζ 18; 37	ιη *λϛ* *18; 36*	ιη λδ 18; 34	18; 36
	ιε 15	ιη λδ 18; 34	ιη *λδ* *18; 34*	ιη λγ 18; 33	18; 34
	ιϛ 16	ιη λγ 18; 33	ιη *λγ* *18; 33*	ιη λβ 18; 32	18; 33
	ιζ 17	ιη λβ 18; 32	ιη *λβ* *18; 32*	ιη λα 18; 31	18; 32
	ιη 18	ιη λα 18; 31	ιη *λα* *18; 31*	ιη κθ 18; 29	18; 31
	ιθ 19	ιη κθ 18; 29	ιη *κθ* *18; 29*	ιη κη 18; 28	18; 29

	κ 20	ιη κη 18; 28	ιη *κη* 18; *28*	ιη κς 18; 26	18; 28
	κα 21	ιη κς 18; 26	ιη *κς* 18; *26*	ιη κδ 18; 24	18; 26
	κβ 22	ιη κδ 18; 24	ιη *κδ* 18; *24*	ιη κβ 18; 22	18; 24
	κγ 23	ιη κβ 18; 22	ιη *κβ* 18; *22*	ιη κ 18; 20	18; 22
	κδ 24	ιη κ 18; 20	ιη *κ* 18; *20*	ιη ιη 18; 18	18; 20
	κε 25	ιη ιη 18; 18	ιη *ιη* 18; *18*	ιη ιζ 18; 17	18; 18
	κς 26	ιη ιζ 18; 17	ιη *ιζ* 18; *17*	ιη ιε 18; 15	18; 17
	κζ 27	ιη ιε 18; 15	ιη *ιε* 18; *15*	ιη ιγ 18; 13	18; 15
	κη 28	ιη ιγ 18; 13	ιη *ιγ* 18; *13*	ιη ια 18; 11	18; 13
	κθ 29	ιη ια 18; 11	ιη *ια* 18; *11*	ιη θ 18; 9	18; 11
	λ 30	ιη ιθ 18; 19	ιη *θ* 18; *9*	ιη η 18; 8	18; 9
col. 4	♌				
	η 8	ϱιγ λθ 113; 39	ϱιγ λε 113; 35	ϱιγ λε 113; 35	113; 35
col. 6	♍				
	γ 3	ϱμε με 145; 45	ϱμε με 145; 45	ϱμε μς 145; 46	145; 43

Col. 2 : *infra col. 2 add* λε νγ FH
Col. 4 : *infra col. 4 add* λη λα FH
Col. 6 : *infra col. 6 add* λη ς H(?) F

A2,5 (III)

H, f. 86
Κλιμα ε του δι' Ελλησποντου (*add al m* μ^οι^ μ νς)

♂	Ζυγου		Σκορπιου		Τοξοτου	
μ°	Ανα φοραι	ωρων χρονοι	Ανα φοραι	ωρων χρονοι	Ανα φοραι	ωρων χρονοι

Tabula partim deleta

M : *deest*

v, f. 33 :
Κλιμα ε το δι᾽ Ἑλλησπόντου ὡρῶν ἰσημερινων ιε μ° μ $λ_ε$ νς

	Librae figura		*Scorpii figura*		*Sagittarii figura*	
μ°	Αναφο ραι	ωρων χρονων	Αναφο ραι	ωρων χρονων	Αναφο ραι	ωρων χρονων

Variantes numériques

col. 3	♎	F	**H/ H²**	v	**Calcul**
	α 1	ιδ νζ 14; 57	ιδ μζ 14; 47	ιδ νζ 14; 57	 14; 57
	κγ 23	ιγ μ 13; 40	*ιγ με*[93] *13; 45*	ιγ μ 13; 40	 13; 40
	κδ 24	ιγ λζ 13; 37	*ιγ λα*[94] *13; 31*	ιγ λζ 13; 37	 13; 37
	κς 26	ιγ λ 13; 30	*ιγ*[95] λ *13*; 30	ιγ λ 13; 30	 13; 30
col. 4	♏				
	ι 10	σλ νη 230; 58	λ νη 30; 58	σλ νη 230; 58	 230; 58
	κγ 23	σμζ μβ 247; 42	σμζ μβ 247; 42	σμζ νβ 247; 52	 247; 42
col. 5	♏				
	ιζ 17	ιβ κε 12; 25	ιβ κ[96] 12; 20	ιβ κε 12; 25	 12; 25
col. 7	♐				
	κγ 23	ια ιζ 11; 17	?[97]	ια ιη 11; 18	 11; 17
	κδ	ια ιζ	?	ια ιζ	

93 ιγ με *rescripsit* H²
94 ιγ λα *rescripsit* H²
95 ιγ *rescripsit* H²
96 *incertum an una littera post* κ *scripta esset; hodie deleta* H.
97 *Hic et in lineis sequentibus tabula evanida est : numeri non legi possunt* H.

	24	11; 17		11; 17	11; 17
	κε 25	ια ις 11; 16	?	ια ιζ 11; 17	 11; 16
	κζ 27	ια ιε 11; 15	?	ια ις 11; 16	 11; 15
	κη 28	ια ιε 11; 15	?	ια ις 11; 16	 11; 15
	κθ 29	ια ιδ 11; 14	ια ιδ 11; 14	ια ιε 11; 15	 11; 14
	λ 30	ια ιδ 11; 14	ια ιδ 11; 14	ια ιε 11; 15	 11; 14

Col. 2 : *infra col. 2 add* λη ς FH
Col. 4 : *infra col. 4 add* λη λα FH
Col. 6 : *infra col. 6 add* λε νγ F (H *non legi potest*)

A2, 5 (IV)

H, f. 86v
ισ(ημεριναι) ωρ ιε μ° μ νς

♂	Αιγοκερου		Υδριχοου		Υχθυων	
μ°	Ανα φοραι	ωρων χρονοι	Ανα φοραι	ωρων χρονοι	Ανα φοραι	ωρων χρονοι

Scholium add infra tabulam (uncialibus litteris)[98] :
Δεον γινωσκειν οτι το κλιμα του Βυζαντιου μεταξυ του ε και ς εστιν και εστιν η μεγιστη ημερα ωρ ισημερινων ιε λ· οι δε κανονες των αναφορων του Βυζαντιου κεινται εις τα εσχατα των κανονων τὸν επισημων πολεων ανοθεν του κανω(νος) της επ' ορθης σφαιρας

M : *deest*

v, f. 33v :
Κλιμα ε το δι Ελλησποντου ωρων ἰσημερινων ιε μ° μ νς

	Capri figura		*Aquarii figura*		*Piscium figura*	
μ°	Αναφο ραι	ωρων χρονων	Αναφο ραι	ωρων χρονων	Αναφο ραι	ωρων χρονων

[98] *De hoc scholio vide supra, p. 28.*

Variantes numériques :

		F	H	v	Calcul
col. 2	♑				
	κγ 23	τιε νδ 315; 54	τιε ς 315; 6	τιε δ 315; 4	315; 7
	κδ 24	τιε νθ 315; 59	τιε νη 315; 58	τιε να 315; 51	315; 59
	κε 25	τις να 316; 51	τις ν 316; 50	τις μγ 316; 43	316; 51
	κς 26	τιζ μγ 317; 43	τιζ μβ 317; 42	τιζ λε 317; 35	317; 43
	κζ 27	τιη λε 318; 35	τιη .γ[99] 318; .3	τιη κζ 318; 27	318; 35
	κη 28	τιθ κζ 319; 27	τιθ κε 319; 25	τιθ ιη 319; 18	319; 27
	κθ 29	τκ ιη 320; 18	τκ ιζ[100] 320; 17	τκ η 320; 8	320; 18
	λ 30	τκ θ 320; 9	τκ θ 320; 9	τκ νθ 320; 59	320; 9
col. 3	♑				
	η 8	ια ιθ 11; 19	ια ιη 11; 18	ια ιη 11; 18	11; 19
	ι 10	ια κ 11; 20	ια ιθ 11; 19	ια κ 11; 20	11; 20
	ιβ 12	ια κβ 11; 22	ια κγ 11; 23	ια κβ 11; 22	11; 22
	ιδ 14	ια κδ 11; 24	ια κγ 11; 23	ια κδ 11; 24	11; 24
	κε 25	ια μβ 11; 42	ια μα 11; 41	ια μβ 11; 42	11; 42
col. 4	♒				
	α 1	τκα ν 321; 50	τκα νς 321; 56	τκα ν 321; 50	321; 56
	ς 6	τκε να 325; 51	τκς να 326; 51	τκε να 325; 51	325; 51
	η 8	τκζ κγ 327; 23	τκζ κγ 327; 23	τκζ κα 327; 21	327; 23
	ιβ 12	τλ κα 330; 21	τλ κα 330; 21	τλ κδ 330; 24	330; 21
	ιγ 13	τλα δ 331; 4	τλα δ 331; 4	τλα ζ 331; 7	331; 4
	κβ 22	τλζ ιζ 337; 17	τλζ ιζ 337; 17	τλζ ις 337; 16	337; 17

99 *Incertum an legendum* λγ H

100 ιζ : *numerus evanidus et incertus* H.

col. 6	♓				
	κη 28	τνη νβ 358; 52	τνη νβ[101] 358; 52	τνη νβ 358; 52	 358; 52
	κθ 29	τνθ κ 359; 20	τνθ κϛ 359; 26	τνθ κε 359; 25	 359; 26

Col. 2 : *infra col. 2 add* κη κθ FH
Col. 4 : *infra col. 4 add* κα κθ FH
Col. 6 : *infra col. 6 add* ιζ λβ FH

A2,6 (I)

H, f. 87 : *tabula a manu recentiore addita* (H^{2}) *in saeculo XIV sub titulo*
Κλίμα ϛ τὸ διὰ μέσου πόντου ὡρῶν ιε < μ^{οι} με λ$_{ε}$ α΄

♈	Κρι	οῦ	Ταύ	ρου	Διδύ	μων
μ^{οι}	ἀναφορaὶ	ὡρ χρόν^{οι} ξξ΄	ἀναφορaὶ	ὡρ χρόν^{οι} ξξ΄	ἀναφορaὶ	ὡρ χρόν^{οι} ξξ΄

M : *deest*

v, f. 34 :
Κλιμα ϛ το δια μεσου πόντου ωρῶν ισημερινων ιε < μ° με α

	Arietis figura		*Tauri figura*		*Geminorum figura*	
μ°	Αναφο ραι	ωρων χρονων	Αναφο ραι	ωρων χρονων	Αναφο ραι	ωρων χρονων

Variantes numériques :

		F	**H^{2}**	**v**	**Calcul**
col. 4	♉				
	β 2	ιζ ε 17; 5	*ιζ ε* *17; 5*	ιζ λε[102] 17; 35	 17; 5
col. 5	♉				
	κβ 22	ιη ιϛ 18; 16	*ιη ιϛ* *18; 16*	ιη ϛ 18; 6	 18; 16
	κζ 27	ιη λα 18; 31	*ιη λα* *18; 31*	ιη λ[103] 18; 30	 18; 31

---

[101] -β *post corr* H
[102] λε *inter puncta scripsit* v
[103] λ *inter puncta scripsit* v

	κη 28	ιη λδ 18; 34	*<u>ιη λδ</u>* *18; 34*	ιη λβ[104] 18; 32	 18; 34

Col. 2 : *infra col. 2* ιε νε F H^2
Col. 4 : *infra col. 4 add* ιθ νβ F H^2
Col. 6 : *infra col. 6 add* κζ νη F κζ νζ H^2

A2, 6 (II)

H, f. 87v : *tabula a manu recentiore addita* (H^2) *in saeculo XIV sub titulo*
Κλίμα ς τὸ διὰ μέσου πόντου ὡρῶν ιε < μ^{οι} με λ$_ε$ α΄

♂	Καρκίνου		Λέοντος		Παρθένου	
μ^{οι}	ἀναφοραὶ	ὡρ χρόν^{οι} ξξ΄	ἀναφοραὶ	ὡρ χρόν^{οι} ξξ΄	ἀναφοραὶ	ὡρ χρόν^{οι} ξξ΄

M : *deest*

v, f. 34v :
Κλιμα ς το δια μεσου πόντου ωρων ἰσημερινων ιε < μ^{ο} με α

	Cancri figura		*Leontis figura*		*Virginis figura*	
μ^{ο}	Αναφο ραι	ωρων χρονων	Αναφο ραι	ωρων χρονων	Αναφο ραι	ωρων χρονων

Variantes numériques

		F	H^2	v	Calcul
col. 6	♍				
	κγ 23	ϱο κζ 170; 27	*<u>ϱο κζ</u>* *170; 27*	ϱο μζ 170; 47	 170; 47

Col. 2 : *infra col. 2 add* λς λδ F H^2
Col. 4 : *infra col. 4 add* λθ νζ F H^2
Col. 6 : *infra col. 6 add* λθ μδ F H^2

---

[104] λβ *inter puncta scripsit* v

A2,6 (III)

H, f. 88
Κλιμα ς του δια Μεσου Ποντου (*rubro colore*) (*add al m* ωϱ ιε < μ[οι] με λε α)

♂	Ζυγου		Σκορπιου		Τοξοτου	
μ°	Ανα φοραι	ωρων χρονοι	Ανα φοραι	ωρων χρονοι	Ανα φοραι	ωρων χρονοι

M : *deest*

v, f. 35 :
Κλιμα ς το δια μέσου πόντου ωρων ισημερινων ιε < μ° με α

	Librae figura		*Scorpii figura*		*Sagittarii figura*	
μ°	Αναφο ραι	ωρων χρονων	Αναφο ραι	ωρων χρονων	Αναφο ραι	ωρων χρονων

Variantes numériques

col. 2	♎	F	H	v	**Calcul**
	ι 10	ρϟγ ι 193; 10	ρϟγ ιβ 193; 12	ρϟγ ι 193; 10	193; 12
	ια 11	ρϟδ κθ 194; 29	ρϟδ λα 194; 31	ρϟδ κθ 194; 29	194; 31
	ιβ 12	ρϟε μη 195; 48	ρϟε ν 195; 50	ρϟε μη 195; 48	195; 50
	ιγ 13	ρϟζ ζ 197; 7	ρϟζ θ 197; 9	ρϟζ ζ 197; 7	197; 9
	ιδ 14	ρϟη κς 198; 26	ρϟη κζ 198; 27	ρϟη κς 198; 26	198; 28
	ιε 15	ρϟθ με 199; 45	ρϟθ μζ 199; 47	ρϟθ με 199; 45	199; 48
	ις 16	σα δ 201; 4	σα ς 201; 6	σα δ 201; 4	201; 8
	ιζ 17	σβ κδ 202; 24	σβ κς 202; 26	σβ κδ 202; 24	202; 28
	ιη 18	σγ μδ 203; 44	σγ μς 203; 46	σγ μδ 203; 44	203; 48
	ιθ 19	σε δ 205; 4	σε ς 205; 6	σε δ 205; 4	205; 8
	κ 20	σς κδ 206; 24	σς κη 206; 28	σς κδ 206; 24	206; 28

col. 3					
	ις 16	ιγ νς 13; 56	ιγ[105] νς 13; 56	ιγ νς 13; 56	 13; 56
	ιζ 17	ιγ νβ 13; 52	ιγ[106] νβ 13; 52	ιγ νβ 13; 52	 13; 52
col. 4	♏				
	ζ 7	σκθ δ 229; 4	σκθ δ 229; 4	σκθ μ 229; 40	 229; 5
	ια 11	σλδ κη 234; 28	σλδ κη 234; 28	σλδ κγ 234; 23	 234; 28

Col. 2 : *infra col. 2 add* λθ μδ FH
Col. 4 : *infra col. 4 add* λθ νζ FH
Col. 6 : *infra col. 6 add* λς λδ FH

A2,6 (IV)

H, f. 88v
ισ(ημεριναι) ωρ ιε < μ° με (*rubro colore*) (*add m rec* $λ^{ε}$ α)

♑	Αιγοκερου		Υδριχοου		Ιχθυων	
μ°	Ανα φοραι	ωρων χρονοι	Ανα φοραι	ωρων χρονοι	Ανα φοραι	ωρων χρονοι

M : *deest*

v, f. 35v :
Κλιμα ς το δια μέσου πόντου ωρων ισημερινων ιε < μ° με α

	Capri figura		*Aquarii figura*		*Piscium figura*	
μ°	Αναφο ραι	ωρων χρονων	Αναφο ραι	ωρων χρονων	Αναφο ραι	ωρων χρονων

[105] ιδ *in* ιγ *corr* H
[106] ιδ *in* ιγ *corr* H

Variantes numériques

		F	H	v	Calcul
col. 4	♒				
	ιδ 14	τλδ ιγ 334; 13	τλδ ιδ 334; 14	τλδ ιγ 334; 13	334; 13
col. 5	♒				
	α 1	ια κς 11; 26	ια κγ 11; 23	ια κγ 11; 23	11; 23
col. 6	♓				
	κγ 23	τνς κς 356; 26	τνς κε 356; 25	τνς κς 356; 26	356; 25

Col. 2 : *infra col. 2 add* κζ νη FH
Col. 4 : *infra col. 4 add* ιθ νβ F ιη νβ H
Col. 6 : *infra col. 6 add* ιε νε F ις νε H

A2,7 (I)

H, f. 89
Κλιμα ζ αναφορα του δια Βορυσθενους Πο(ταμου) (*add m rec* ωρ ις μ^{οι} μη λβ)

♂	Κριου		Ταυρου		Διδυμων	
μ°	Ανα φοραι	ωρων χρονοι	Ανα φοραι	ωρων χρονοι	Ανα φοραι	ωρων χρονοι

M : *deest*

v, f. 36 :
Κλιμα ζ το δια Βορυσθενους ωρων ισημερινων ις μ° μη νβ

	Arietis figura		*Tauri figura*		*Geminorum figura*	
μ°	Αναφο ραι	ωρων χρονων	Αναφο ραι	ωρων χρονων	Αναφο ραι	ωρων χρονων

Variantes numériques

		F	H	v	Calcul
col. 3	♈				
	ις	ις ιγ	ις ιβ	ις ιγ	

	16	16; 13	16; 12	16; 13	16; 13
col. 4	♉				
	κβ 22	κζ ιγ 27; 13	κζ ιγ[107] 27; 13	κζ ιγ 27; 13	 27; 13
	κη 28	λα ιθ 31; 19	λα λθ 31; 39	λα ιθ 31; 19	 31; 19
col. 5	♉				
	κζ 27	ιθ ō 19; 0	ιθ[108] ō 19; 0	ιθ ō 19; 0	 19; 0
	κη 28	ιθ γ 19; 3	ιθ[109] γ 19; 3	ιθ γ 19; 3	 19; 3
col. 6	♊				
	ιη 18	μζ να 47; 51	μζ α 47; 1	μζ να 47; 51	 47; 51
	κϛ 26	νε νβ 55; 52	νε νδ[110] 55; 54	νε νβ 55; 52	 55; 52
col. 7	♊				
	κγ 23	ιθ νε 19; 55	ιθ νε 19; 55	ιθ νϛ 19; 56	 19; 55

Col. 2 : *infra col. 2 add* ιδ κ FH
Col. 4 : *infra col. 4 add* ιη κγ FH
Col. 6 : *infra col. 6 add* κζ ιζ FH

A2,7 (II)

H, f. 89v

ισ(ημεριναι) ωρ ις μη λβ

♂	Καρκινου		Λεοντος		Παρθενου	
μ°	Ανα φοραι	ωρων χρονοι	Ανα φοραι	ωρων χρονοι	Ανα φοραι	ωρων χρονοι

M : *deest*

v, f. 36v :
Κλιμα ζ το δια Βορυσθενους ωρων ισημερινων ις μ° μη νβ

[107] λγ *in* ιγ *correxit* H
[108] ιη *in* ιθ *correxit* H
[109] ιη *in* ιθ *correxit* H
[110] νβ *in* νδ (*vel* νδ *in* νβ) *correxit* H (*incertum*)

	Cancri figura		*Leontis figura*		*Virginis figura*	
μ°	Αναφο ραι	ωρων χρονων	Αναφο ραι	ωρων χρονων	Αναφο ραι	ωρων χρονων

Variantes numériques

		F	H	v	Calcul
col. 2	♋				
	ιη 18	πα λ 81; 30	πα[111] λ 81; 30	πα λ 81; 30	 81; 30
col. 3					
	ιη 18	ιθ μ 19; 40	ιθ μα 19; 41	ιθ μ 19; 40	 19; 40
col. 4	♌				
	ιβ 12	ριγ μβ 113; 42	ριγ μα 113; 41	ριγ μα 113; 41	 113; 41
	ις 16	ριθ ιγ 119; 13	ριθ ιγ 119; 13	ριη ιγ 118; 13	 119; 13
col. 5	♌				
	α 1	ιθ ζ 19; 7	ιθ ζ 19; 7	ιη ζ 18; 7	 19; 7
	β 2	ιθ γ 19; 3	ιθ γ 19; 3	ιη γ 18; 3	 19; 3
	γ 3	ιθ ō 19; 0	ιθ ō 19; 0	ιη ō 18; 0	 19; 0
	ιη 18	ιη ε 18; 5	ιη ς 18; 6	ιη ε 18; 5	 18; 5
col. 7	♍				
	β 2	ιζ ς 17; 6	ιζ ς[112] 17; 6	ιζ ς 17; 6	 17; 6

Col. 2 : *infra col. 2 add* λζ ιε FH
Col. 4 : *infra col. 4 add* μα κε FH
Col. 6 : *infra col. 6 add* μα κ FH

[111] πα *deletus* H
[112] ς *incertus* H

A2,7 (III)

H, f. 90
Κλιμα ζ το δια Βορυσθενους Πο(ταμου) (*add m rec* ωρ ις μ^οι μη λβ)

♂	Ζυγου		Σκορπιου		Τοξοτου	
μ°	Ανα φοραι	ωρων χρονοι	Ανα φοραι	ωρων χρονοι	Ανα φοραι	ωρων χρονοι

M : *deest*

v, f. 37 :
Κλιμα ζ το δια Βορυθενους ωρων ισημερινων ις μ° μη νβ

	Librae figura		*Scorpii figura*		*Sagittarii figura*	
μ°	Αναφο ραι	ωρων χρονων	Αναφο ραι	ωρων χρονων	Αναφο ραι	ωρων χρονων

Variantes numériques :

H : *Numeri partim deleti sunt in fine col. 6 et 7*

		F	H	v	Calcul
col. 3	♎				
	κη 28	ιβ νδ 12; 54	ιβ[113] νδ 12; 54	ιβ νδ 12; 54	12; 54
	κθ 29	ιβ μθ 12; 49	ιβ[114] μθ 12; 49	ιβ μθ 12; 49	12; 49
col. 5	♏				
	ια 11	ια νθ 11; 59	ιβ νθ 12; 59	ια νθ 11; 59	11; 59
	ιβ 12	ια νε 11; 55	ιβ νε 12; 55	ια νε 11; 55	11; 55
	ιη 18	ια λβ 11; 32	ια λβ[115] 11; 32	ια λβ 11; 32	11; 32
col. 6	♐				
21	κα	σπθ λθ	σπ- --[116]	σπθ λθ	

[113] ιγ *in* ιβ *corr* H
[114] ιγ *in* ιβ *corr* H
[115] -β *post corr* H
[116] *numerus deletus* H

		289; 39	28- --	289; 39	289;39
	κβ 22	σϚ μη 290; 48	σϚ μ- [117] 290; 4-	σϚ μη 290; 48	 290;48
col. 7	♐				
	κγ 23	ι ε 10; 5	ι ε 10; 5	ι δ 10; 4	 10; 5
	κε 25	ι γ 10; 3	ι γ 10; 3	ι β 10; 2	 10; 3
	κς 26	ι β 10; 2	? [118]	ι β 10; 2	 10; 2
	κζ 27	ι β 10; 2	? [119]	ι α 10; 1	 10; 2
	κη 28	ι α 10; 1	? [120]	ι α 10; 1	 10; 1
	κθ 29	ι α 10; 1	ι α 10; 1	ι ō 10; 0	 10; 1

Col. 2 : *infra col. 2 add* μα κ F μα H
Col. 4 : *infra col. 4 add* μα κε FH
Col. 6 : *infra col. 6 add* λζ ιε FH

A2,7 (IV)

H, f. 90v
ισ(ημεριναι) ωρ ις μ° μη λβ

♂	Αιγοκερου		Υδροχοου		Ιχθυων	
μ°	Ανα φοραι	ωρων χρονοι	Ανα φοραι	ωρων χρονοι	Ανα φοραι	ωρων χρονοι

Scholion uncialibus litteris addidit al m (IX/X s ?) in margine inferiore :
Σχολιον· ενταυθα μεν ως ὁρας τα ζ κλιματα εθηκεν απο Μεροης εως Βορυσθενους· εν δε τη Γεωγραφια απο των ισημερινων εως Θουλης παραυξων την μεγιστην ημεραν απο των ιβ ωρων εως κ.

M : *deest*

v, f. 37v :

[117] *numerus deletus* H
[118] *numerus deletus : non legi potest* H
[119] *numerus deletus : non legi potest* H
[120] *numerus deletus : non legi potest* H

Κλιμα ζ το δια Βορυσθενους ωρων ισημερινων ις μ° μη νβ

	Capri figura		Aquarii figura		Piscium figura	
μ°	Αναφο ραι	ωρων χρονων	Αναφο ραι	ωρων χρονων	Αναφο ραι	ωρων χρονων

Variantes numériques

H : *Tabula partim rescripsit uncialibus litteris alia manus e saeculo IX vel X ut videtur.*

		F	H	v	Calcul
col. 4	♒				
	α 1	τκζ νθ 327; 59	τκζ νγ 327; 53	τκζ νθ 327; 59	327; 59
	β 2	τκη μα 328; 41	τκη νζ 328; 57	τκη μα 328; 41	328; 41
	γ 3	τκθ κβ 329; 22	τκθ ō 329; 0	τκθ κβ 329; 22	329; 22
	ε 5	τλ μδ 330; 44	τλ ζ 330; 7	τλ μδ 330; 44	330; 44
	ς 6	τλα κε 331; 25	τλα ι 331; 10	τλα κε 331; 25	331; 25
	ζ 7	τλβ ς 332; 6	τλβ ιδ 332; 14	τλβ ς 332; 6	332; 6
	η 8	τλβ μζ 332; 47	τλβ ιζ 332; 17	τλβ μζ 332; 47	332; 47
	θ 9	τλγ κη 333; 28	τλγ κ 333; 20	τλγ κη 333; 28	333; 28
	ι 10	τλδ θ 334; 9	τλδ κδ 334; 24	τλδ θ 334; 9	334; 9
	ια 11	τλδ μς 334; 46	τλδ κη 334; 28	τλδ μς 334; 46	334; 46
	ιβ 12	τλε κγ 335; 23	τλε λβ 335; 32	τλε κγ 335; 23	335; 23
	ιγ 13	τλς ō 336; 0	τλς λε 336; 35	τλς ō 336; 0	336; 0
	ιδ 14	τλς λζ 336; 37	τλς λθ 336; 39	τλς λζ 336; 37	336; 37
	ιε 15	τλζ ιδ 337; 14	τλζ μγ 337; 43	τλζ ιδ 337; 14	337; 14

	ις 16	τλζ ν 337; 50	τλζ μζ 337; 47	τλζ ν 337; 50	337; 50
	ιζ 17	τλη κς 338; 26	τλη να 338; 51	τλη κς 338; 26	338; 26
	ιη 18	τλθ β 339; 2	τλθ νδ 339; 54	τλθ β 339; 2	339; 2
	ιθ 19	τλθ λη 339; 38	τλθ νθ 339; 59	τλθ λη 339; 38	339; 38
	κ 20	τμ ιδ 340; 14	τμ γ 340; 3	τμ ιδ 340; 14	340; 14
	κα 21	τμ μζ 340; 47	τμ ζ 340; 7	τμ μζ 340; 47	340; 47
	κβ 22	τμα κ 341; 20	τμα ια 341; 11	τμα κ 341; 20	341; 20
	κγ 23	τμα νγ 341; 53	τμα ιε 341; 15	τμα νγ 341; 53	341; 53
	κδ 24	τμβ κς 342; 26	τμβ κ 342; 20	τμβ κς 342; 26	342; 26
	κε 25	τμβ νθ 342; 59	τμβ κδ 342; 24	τμβ νθ 342; 59	342; 59
	κς 26	τμγ λβ 343; 32	τμγ κη 343; 28	τμγ λβ 343; 32	343; 32
	κζ 27	τμδ λβ 344; 32	τμδ λβ 344; 32	τμδ δ 344; 4	344; 4
	κη 28	τμδ λς 344; 36	τμδ λζ 344; 37	τμδ λς 344; 36	344; 36
	κθ 29	τμε η 345; 8	τμε μα 345; 41	τμε η 345; 8	345; 8
	λ 30	τμε μ 345; 40	τμε με 345; 45	τμε μ 345; 40	345; 40
col. 6	♓				
	κβ 22	τνε κ 355; 20	τνς κ 356; 20	τνς κ 356; 20	356; 20

Col. 2 : *infra col. 2 add* κζ ιζ FH
Col. 4 : *infra col. 4 add* ιη κγ FH
Col. 6 : *infra col. 6 add* ιδ κ FH

Tables B1

Apparat critique

B1 (I)

F : *infra tabulam scripsit secunda manus :*
ἔτους ,ϛφζγ ἰνδικτιῶ(νος) η, μην(ὸς) μαίου, ἡμέρ(ᾳ) τοῦ αὐτοῦ μηνὸς η, τρίτῃ, εὑρέθη κατ᾿αἰγυπτίους εἰκοσιπενταετηρίδων ἔτη ,αυα, ἔτη ἁπλᾶ η, μὴν μεχίρ, ἡμέρα τοῦ μεχὶρ δεκάτη[121].
Add tertia manus :
Τὸ δὲ ἀρτίως ἐνιστάμενον ἔτος ,ϛψζε ἐστιν ἰνδικτίων ιε, μηνὶ ἰαννουαρίου ιθ ἡμέρα κυριακή[122].

H, f. 153 : *add m posterior sub titulo*
Κλίμα τοῦ διὰ Βυζαντίου παραλλήλου ὧρ(αι) ἰσημεριν(αὶ) ιε δ μ^{οι} μγ λε
♈ ♉ ♊

☌	Κριου		Ταυρου		Διδύμων	
μ^{ο}	ἀναφο	ωρ χρ^{ου}	ἀναφο	ωρ χρ^{ου}	ἀναφο	ωρ χρ^{ου}

M : *deest*

v : f. 5
Κλημα του δια Βυζαντιου παραλληλου ωρ ισημ^{ε} ιε δ μ^{ο} μγ λ$_{ε}$ ε

☌	Κριου		Ταυρου		Διδύμων	
μ^{ο}	ἀναφο ραι	ωρων χρονων	ἀναφο ραι	ωρων χρονων	ἀναφο ραι	ωρων χρονων

Variantes numériques

		F	**H^{2}**	**v**	**Calcul**
col. 5	♉				
	ζ 7	ιζ ιε 17; 15	*ιζ ιε* *17; 15*	ιζ ιζ 17; 17	 17; 15
	ιζ 17	ιζ μη 17; 48	*ιζ μη* *17; 48*	ιζ νη 17; 58	 17; 48

---

[121] 8 mai 6593, indiction 8 = 8 mai 1085 qui correspond à 1409 (= 1401 + 8) années égyptiennes depuis Philippe, 9 Méchir. La différence d'un jour tient sans doute à la manière compter les heures. La note mentionne simplement : 3e (heure). La main qui a écrit cette note semble être la 3e main qui a prolongé la table des règnes du f. 39v.
[122] Soit le 19 janvier 1287 : il s'agit bien de la 15e indiction et le jour de la semaine est effectivement un dimanche.

col. 6	♊				
	ιδ 14	μθ λα 49; 31	*μθ λα* *49; 31*	μθ μα[123] 49; 41	 49; 31
	κγ 23	νη ιη 58; 18	*νη ιη* *58; 18*	νη η [124] 58; 8	 58; 18
col. 7					
	ιζ 17	ιη νε 18; 55	*ιη νε* *18; 55*	ιη ν -⁻ 18; 5-	 18; 55
	ιη 18	ιη νς 18; 56	*ιη νς* *18; 56*	ιη νς[125] 18; 56	 18; 56

v add infra tabulam:

Δ ι ις μγ	Δ ι κ λς	Δ ι κη ιη

B1 (II)

H, f. 154 : *add m posterior sine titulo*

	♋		♌		♍	
♂						
♂	Καρκίνου		Λέοντος		Παρθένου	
μ^{o}	ἀναφο	ωρ χρ^{ου} ξ′	ἀναφο	ωρ χρ^{ου} ξ′	ἀναφο	ωρ χρ^{ου} ξ′

M : *deest*

v : f. 5v

Κλημα του δια Βυζαντιου παραλληλου ωρ ἰσημ^{ε} ιε δ, μ^{o} μγ λ$_{ε}$ ε

♂	Καρκινου		Λεοντος		Παρθενου	
μ^{o}	ἀναφο ραι	ωρων χρονων	ἀναφο ραι	ωρων χρονων	ἀναφο ραι	ωρων χρονων

Variantes numériques

		F	H²	v	Calcul
col. 2	♋				
	β 2	ξζ νγ 67; 53	*ξζ ν* *67; 50*	ξζ νγ 67; 53	 67; 53

[123] *incertum an legendum* μα *vel* λα *: numeri correcti videntur* v

[124] *incertum : numerus deletus videtur* v

[125] *incertum an legendum* νς *vel* νε v

col. 3					
	ζ 7	ιθ ō 19; 0	*ιθ ō* *19; 0*	ιθ α 19; 1	 19; 1
	η 8	ιθ α 19; 1	*ιθ α* *19; 1*	ιθ ō 19; 0	 19; 0
	ι 10	ιη νθ 18; 59	*ιθ νθ* *19; 59*	ιη νθ 18; 59	 18; 59

v add infra tabulam:

Δ Δ Δ
ι ι ι
λϛ ιδ λθ ιγ λη νϛ

B1 (III)

H, f. 154v : *add m posterior sine titulo*
♂

	ζυγοῦ[126]			σκορπίου[127]			τοξότου[128]		
μ^{οι}	ἀναφο	ωϱ	χϱ^{ου} ξ′	ἀναφο	ωϱ	χϱ^{ου} ξ′	ἀναφο	ωϱ	χϱ^{ου} ξ′

M : *deest*

v : f. 6
Κλημα του δια Βυζαντιου παϱαλληλου ωϱ ἰσημ^{ε} ιε δ, μ^{ο} μγ λ$_{\text{ε}}$ ε

♂	Ζυγου		Σκοϱπιου		Τοξοτου	
μ^{ο}	ἀναφο ϱαι	ωϱων χϱονων	ἀναφο ϱαι	ωϱων χϱονων	ἀναφο ϱαι	ωϱων χϱονων

Variantes numériques

		F	**H²**	v	**Calcul**
col. 2	♎				
	κθ 29	σιζ λη 217; 38	*σιζ λδ* *217; 34*	σιζ λη 217; 38	 217; 38

[126] *in* ζύγος *correctum videtur* H²
[127] *in* σκοϱπίος *correctum videtur* H²
[128] *in* τοξότης *correctum videtur* H²

	λ 30	σιη λς 218; 36	*σιη λς* *218; 36*	σιη νς 218; 56	 218; 56
col. 3					
	ζ 7	ιδ λδ 14; 34	*ιδ λα* *14; 31*	ιδ λδ 14; 34	 14; 34
	θ 9	ιδ κς 14; 26	*ιδ κς* *14; 26*[129]	ιδ κς 14; 26	 14; 26
	κγ 23	ιγ λδ 13; 34	*ιγ λα* *13; 31*	ιγ λδ 13; 34	 13; 34
col. 4	♏				
	β 2	σκα ιγ 221; 13	*σκα ιγ* *221; 13*	σκα λγ 221; 33	 221; 33
col. 5					
	κς 26	ια μζ 11; 47	*ια μζ* *11; 47*	ια με 11; 45	 11; 47
col. 6	♐				
	β 2	σξ μβ 260; 42	*σξ μγ* *260; 43*	σξ μβ 260; 42	 260; 42
	ς 6	σξε μζ 265; 47	*σξε μθ* *265; 49*	σξε μζ 265; 47	 265; 47
	ιε 15	σος νζ 276; 57	*σοζ νζ* *277; 57*	σος νζ 276; 57	 276; 57
	κθ 29	σϘγ ιε 293; 15	*σϘγ νε* *293; 55*	σϘγ ιε 293; 15	 293; 15
col. 7					
	κα 21	ια ō[130] 11; 0	*ι ō* *10; 0*	ια ō 11; 0	 11; 0
	κβ 22	ια ō[131] 11; 0	*ι ō* *10; 0*	ια ō 11; 0	 11; 0

Numeri infra tabulam desunt in H² v

---

[129] κβ *primum scripserat, in* κς *correxit* H²

[130] -α *ab alia manu addita* F

[131] -α *ab alia manu addita* F

B1 (IV)

H, f. 155 : *add m posterior sine titulo*
☌

	αιγοκαίρωτος[132]		ὑδροχόου		καὶ ἰχθύων	
$μ^{οι}$	ἀναφο	ωρ $χρ^{ου}$ ξ′	ἀναφο	ωρ $χρ^{ου}$ ξ′	ἀναφο	ωρ $χρ^{ου}$ ξ′

M : *deest*

v : f. 6v
Κλημα του δια Βυζαντιου παραλληλου ωρ ισημ^{ε} ιε δ, μ^{ο} μγ λ$_{ε}$ ε

☌	Αιγόγερω		Ὑδριχοου		Ιχθύων	
μ^{ο}	ἀναφο ραι	ωρων χρονων	ἀναφο ραι	ωρων χρονων	ἀναφο ραι	ωρων χρονων

Variantes numériques

		F	**H²**	v	**Calcul**
col. 2	♑				
	ις 16	τι κθ 310; 29	*τι κθ* *310; 29*	τι λθ 310; 39	 310; 29
col. 6	♓				
	ιγ 13	τν μς 350; 46	*τν μγ* *350; 43*	τν μς 350; 46	 350; 46
col. 7					
	ζ 7	ιγ λδ 13; 34	*ιγ λβ* *13; 32*	ιγ λδ 13; 34	 13; 34
	κθ 29	ιδ νς 14; 56	*ιδ νς* *14; 56*	ιδ μς 14; 46	 14; 56

Numeri infra tabulam desunt in H² v

---

132 αιγοκαίρω *in* αιγοκαίρωτος *correctum videtur* H²

Apparat critique de la table A2 pour le P. Oxy. 4167

Des fragments de la table A2 sont conservés dans le P. Oxy. 4167, édité par A. JONES, *Astronomical Papyri from Oxyrhynchus*, Vol. I - II, American Philosophical Society, Philadelphia, 1999. Ces fragments montrent quelques différences par rapport aux chiffres des manuscrits. Voici les variantes par rapport à F, et par rapport aux valeurs calculées.

A2, 6 (I) = fgt 1, gauche (JONES, II, pp. 118-119)

argument		F	JONES, II, p. 118	calcul
♉				
col. 4	2°	ιζ ε	- λ]ε[1]	17; 5
	5°	ιη νγ	ιθ̣ νγ	18; 53
	16°	κε μζ	κε νζ	25; 47
	17°	κς κζ	κς λζ	26; 27
col. 5	22°	ιη ις	[ι]η [ς][2]	18; 16
♊				
col. 6	11°	μδ νζ	με νζ	44; 57
	12°	με νβ	με νγ̣	45; 53
	13°	μς μζ	μς μ̣θ̣	46; 49
col. 7	8°	ιη νη	ιη νθ̣	18; 58

A2, 6 (II) = fgt 1, droite (JONES, II, pp. 120-121)

argument		F	JONES, II, p. 120	calcul
col 4	12°	ϙις ια	ϙιε ια	116; 11
♍				
col 6	12°	ϙνς ις	ϙν[ς] ι̣β	156; 12
	13°	ϙνζ λς	ϙνζ λβ	157; 32
	14°	ϙνη νς	ϙνη νβ	158; 52
	15°	ϙξ ιε	ϙξ ιβ	160; 12

[1] Id v : voir apparat critique, p. 174.

[2] Id v : voir apparat critique, p. 174.

	16°	ρ̣ξα λδ	ρ̣ξα λβ̣	161; 32
	17°	ρ̣ξβ νγ	ρ̣ξβ να	162; 51
	18°	ρ̣ξδ ιβ	ρ̣ξδ ι	164; 10
	19°	ρ̣ξε λα	[ρξ]ε κ [̣	165; 29

A2, 4 (IV) = fgt 2a (Jones, II, pp. 122-123)

Pas de différence.

A2, 7 (II) = fgt 2b (Jones, II, pp. 122-123)

argument		F	Jones, p. 122	calcul
♌				
col. 4	12°	ριγ μβ	-- μα	113; 41

Les fragments du palimpseste *Vat. syr.* 623

Quelques fragments des tables A1 apparaissent dans un palimpseste syriaque, le *Vat. syr.* 623, présenté dans l'introduction. Voici les fragments que nous avons pu lire aux ultra-violets, en dessous de l'écriture syriaque.

Ces folios semblent n'avoir ni titre ni colonnes tracées, mais à certains endroits, cependant, des traces de colonnes sont encore visibles. L'apparat reprend les variantes des différents manuscrits et du palimpseste, afin de permettre de situer celui-ci par rapport aux manuscrits FHv.

Présentation de la table A1 (II)[1]

130v ↓G ↑S	123 ↓G ↑S
131v ↓G ↑S	138 ↓G ↑S

Présentation de la table A1 (III)

123v ↓G ↑S	130 ↓G ↑S
138v ↓G ↑S	131 ↓G ↑S

[1] S = texte syriaque; G = texte grec; ↓ et ↑ = sens de la lecture.

A1 (II) : ascensions de la sphère droite

Vat. Syr. 623, f. 130v/ 123

(♂)	(Κριοῦ)				(Ταύρου)				(Διδύμων)[2]			
(μ°)	ἀναφο ραι		ωρων ξ ξ		ἀναφο ραι		ωρων ξ ξ		ἀναφο ραι		ωρων ξ ξ	
α	Ϟ	νε	κβ	λς	ριη	μη	ι	νζ	ρμη	μζ	ς	ις[3]
β	Ϟα	ν	κβ	ια	ριθ	μς	ι	μ	ρμθ	ν	ς	ιθ
γ	Ϟβ	με[4]	κα	μζ	ρκ	μδ	ι	κδ	ρν	νγ	ς	κγ
δ	Ϟγ	μ	κα	κβ	ρκα	μβ	ι	ζ	ρνα	νς	ς	κς
ε	Ϟδ	λε	κ	νη	ρκβ	μ	θ	να	ρνβ	νθ	ς	λ
ς	Ϟε	λ	κ	λγ	ρκγ	λη	θ	λε	ρνδ	γ	ς	λδ
ζ	Ϟς	κε	κ	θ	ρκδ	λς	θ	κα	ρνε	ς	ς	λθ
η	Ϟζ	κ	ιθ	μα[5]	ρκε	λδ	θ	ς	ρνγ	ι[6]	ς	μδ
θ	Ϟη	ιε	ιθ	ιθ	ρκς	λβ	η	νβ[8]	ρνζ	ιδ	ς	ν
ι	Ϟθ	ι	ιη	νδ[7]	ρκζ	λ	η	λζ	ρνη	ιη	ς	νε
ια	ρ	ε	ιη	κθ	ρκη	κθ	η	κγ	ρνθ	κβ	ζ	α
ιβ	ρα	ō	ιη	δ	ρκθ	κη	η	η	ρξ	κς	ζ	ς
ιγ	ρα	νε	ιζ	μ	ρλ	κη	ζ	νη	ρξα	λ	ζ	ιε
ιδ	ρβ	ν	ιζ	ις	ρλα	κθ[9]	ζ	μζ	ρξβ	λε	ζ	κδ

---

[2] *Tituli desunt ut videtur*
[3] ς ις *Pal* Fv] ς κ H
[4] Ϟβ με *Pal* Fv] Ϟβ νε H
[5] ιθ μα *Pal* H] ιθ μδ Fv
[6] ρνγ ι *Pal* F] ρνς ι Hv
[7] ιη νδ *Pal* Fv] ιη μδ H
[8] η νβ *Pal* FH] η να v
[9] ρλα κθ *Pal*] ρλα κη FHv

Vat. Syr. 623, f. 131v/138r

ιε ις	ϱγ ϱδ	με μα	ις ις	να κζ	ϱλβ ϱλγ	κη κη	ζ ζ	λζ κζ	ϱξγ ϱξδ	μ με	ζ ζ	λγ μβ
ιζ ιη	ϱε ϱς	λζ λγ	ις ιε	β λη	ϱλδ ϱλε	κη κη	ζ ζ	ιζ ζ	ϱξε ϱξς	ν νε	ζ η	να ō
ιθ κ	ϱζ ϱη	κθ κε	ιε ιδ	ις να[10]	ϱλς ϱλζ	κη κη	ζ ς	α νε	ϱξη ϱξθ	ō ε	η η	ια κβ
κα κβ	ϱθ ϱι	κα ιζ	ιδ ιδ	λα θ	ϱλη ϱλθ	κθ λ	ς ς	ν μδ	ϱο ϱοα	ι ιθ[11]	η η	λγ μδ
κγ κδ	ϱια ϱιβ	ιγ θ	ιγ ιγ	μς κδ	ϱμ ϱμα	λα λβ	ς ς	λθ λγ[12]	ϱοβ ϱογ	κ κε	η θ	νς ζ[13]
κε κς	ϱιγ ϱιδ	ε β	ιγ ιβ	β μα	ϱμβ ϱμγ	λδ λς	ς ς	λ κς	ϱοδ ϱοε	λ λς	θ θ	κ λβ
κζ κη	ϱιδ ϱιε	νθ νς	ιβ ια	ιθ νζ	ϱμδ ϱμε	λη μ	ς ς	κγ ιθ	ϱος ϱοζ	μβ μη	θ θ	με νζ
κθ λ	ϱις ϱιζ	νγ ν	ια ια	λε ιγ	ϱμς ϱμζ	μβ μδ	ς ς	ις ιβ	ϱοη ϱπ	νδ ō	ι ι	ι κγ

---

10 ιδ να *Pal*] ιδ νδ F Hv
11 ϱοα ιθ *Pal* F] ϱοα η H ϱοα ιε v
12 ς λγ *Pal* FH] ς λδ v
13 θ ζ *Pal* Hv] θ η F

A1 (III) : ascensions de la sphère droite

Vat. Syr. 623, f. 123v/ 130r

(♂)	(Καρκίνου)				(Λέοντος)				(Παρθένου)[14]			
(μ°)	ἀναφο ραι		ωρων ξ ξ		ἀναφο ραι		ωρων ξ ξ		ἀναφο ραι		ωρων ξ ξ	
α	ρπα	ς	ι	λς	σιγ	ιη	ιε	μβ	σμγ	ζ	ιγ	ιγ
β	ρπβ	ιβ	ι	μθ	σιδ	κ	ιε	μς	σμδ	δ	ιβ	νη
γ	ρπγ	ιη	ια	β	σιε	κβ	ιε	να	σμε	α	ιβ	μδ
δ	ρπδ	κδ	ια	ιε	σις	κδ	ιε	νε	σμε	νη	ιβ	κθ
ε	ρπε	λ	ια	κθ[15]	σιζ	κς	ιε	νθ	σμς	νε	ιβ	ιδ
ς	ρπς	λε	ια	μβ	σιη	κη	ις	γ	σμζ	να	ια	νθ
ζ	ρπζ	μ	ια	νε	σιθ	κθ	ις	θ	σμη	μζ	ια	με
η	ρπη	με	ιβ	ζ	σκ	λ	ις	ιε	σμθ	μγ	ια	λ
θ	ρπθ	ν	ιβ	κ	σκα	λα	ις	κα	σν	λθ	ια	ις
ι	ρϙ	νε	ιβ	λβ	σκβ	λβ	ις	ε[16]	σνα	λε	ια	α
ια	ρϙβ	ō	ιβ	με	σκγ	λβ	ις	θ	σνβ	λα	ι	μς
ιβ	ρϙγ	ε	ιβ	νζ	σκδ	λβ	ις	β	σνγ	κζ	ι	λα
ιγ	ρϙδ	ι	ιγ	η[17]	σκε	λβ	ιε	νς	σνδ	κγ	ι	ιε
ιδ	ρϙε	ιε	ιγ	ιθ	σκς	λβ	ιε	μθ	σνε	ιθ	θ	νη

14 *Tituli desunt ut videtur*

15 ια κη *Pal* FH] ια κθ v

16 ις ε *incertum*] ις ιε FHv

17 ιγ η *Pal* F v] ιβ η H

Vat. Syr. 623, f. 138v/ 131r

ιε	ϱϚς	κ	ιγ	λ	σκζ	λβ	ιε	μβ	σνς	ιε	θ	μβ
ις	ϱϚζ	κε	ιγ	μα	σκη	λβ	ιε	λε	σνζ	ι	θ	κε
ιζ	ϱϚη	λ	ιγ	νβ	σκθ	λβ	ιε	κζ	σνη	ε	θ	θ
ιη	ϱϚθ	λδ	ιδ	γ	σλ	λβ	ιε	ιθ[18]	σνθ	ō	η	νβ
ιθ	σ	λη	ιδ	ιβ	σλα	λα	ιε	ια	σνθ	νε	η	λς
κ	σα	μβ	ιδ	κ	σλβ	λ	ιε	β	σξ	ν	η	ιθ
κα	σβ	μς	ιδ	κθ	σλγ	κη	ιδ	νδ	σξα	με	η	β
κβ	σγ	ν	ιδ	λζ	σλδ	κς	ιδ	με	σξβ	μ	ζ	με
κγ	σδ	νδ	ιδ	με	σλε	κδ	ιδ	λς	σξγ	λε	ζ	κη
κδ	σε	νη	ιδ	νγ	σλς	κβ	ιδ	κζ	σξδ	λ	ζ	ια
κε	σζ	α	ιε	α	σλζ	κ	ιδ	ιζ	σξε	κε	ς	νε
κς	ση	δ	ιε	η	σλη	ιη	ιδ	ζ	σξς	κ	ς	λθ
κζ	σθ	ζ	ιε	ις	σλθ	ις[19]	ιγ	νζ	σξζ	ιε	ς	κγ
κη	σι	ι	ιε	κγ	σμ	ιδ[20]	ιγ	μζ	σξη	ι	ς	ς
κθ	σια	ιγ	ιε	λ	σμα	ιβ	ιγ	λζ	σξθ	ε	ε	ν
λ	σιβ	ις	ιε	λζ	σμβ	ι	ιγ	κζ	σο	ō	ε	λγ[21]

18 ιε ιθ *Pal* Fv] ιε ιη H
19 σλθ ιζ *Pal* F] σλθ ις Hv
20 σμ ιδ *Pal* F v] σμ ια H
21 ε λγ *Pal* Hv] ε λδ F

La description du *Vat. syr.* 623, qui suit l'ordre des folios tels qu'ils sont reliés actuellement, ne permet pas de voir facilement comment les tables étaient présentées dans le manuscrit grec original, avant son dépeçage et la composition du manuscrit syriaque. On peut voir que les fragments palimpsestes conservés représentent cinq folios de grand format des tables originales comme le montrent les schémas qui suivent. La présentation des tables de parallaxes est conforme à celle de FHv, et non celle de M[22]. Le symbole ↶ signifie que le demi-folio a subi une rotation de 180° pour permettre la lecture du grec.

A1(I)		**A1 (II)**	
		(130v)	↶ 123
		(131v)	↶ 138

A1 (III)			
(123v)	↶ 130		
(138v)	↶ 131		

		A12	
		partie supérieure 133	(136v)
		partie inférieure 134	(135v)

A13,1			
Cancer, Lion, 136	Vierge (133v)	(125v) Capricorne, Verseau,	↶ 128 Poissons
Balance, Scorpion, 135	Sagittaire (134v)	(132v) Bélier, Taureau,	↶ 137 Gémeaux

[22] Voir p. 69, note 127.

A13,2

(128v) Cancer, Lion,	↶ 125 Vierge		
(137v) Balance, Scorpion,	↶ 132 Sagittaire		

A13,3-5 : manquent

A13,6

		Capricorne, Verseau, 126	Poissons (127v)
		Bélier, Taureau, 119	Gémeaux, (118v)

A13,7

Cancer, Lion, 127	Vierge (126v)	Capricorne, Verseau, 117	Poissons (120v)
Balance, Scorpion, 118	Sagittaire (119v)	? <Bélier, Taureau> 124	? <Gémeaux > 129v

A14,a

partie supérieure 120	(117v)		
partie inférieure 129	(124v)		

Note sur le titre de la table A1

Le titre de la table A1 ne laisse pas d'être curieux; on lit en effet dans F : ὀρθὴ σφαῖρα σὺν μεσουραμήματι πανταχή (accentué comme dans F). Le copiste de F a compris σὺν μεσουρανήματι en deux mots puisqu'il accentue σύν. Le datif est régi par σύν. Ceci doit donc se traduire « sphère droite avec culmination partout » (πανταχοῦ) ou ... « de toute manière » (πανταχῆ).

Les autres mss ont

H :

A1, I : Ορθης σφαιρας συνμεσουρανησει πανταχη (*in* χει *corr al m*)
A1, II : Ορθη σφαιρα συνμεσουρανηματι πανταχει
A1, III : Ορθη σφαιρα συνμεσουρανουσα πανταχει
A1, IV : Ορθη σφαιρα συνμεσουρανουσα πανταχει

v :

A1, I : Ορθης σφαιρας συνμεσουρανηματι πανταχου
A1, II : Ορθης σφαιρας συνμεσουρανήματι πανταχοῦ
A1, III : Ορθης σφαιρας συνμεσουρανηματι πανταχοῦ
A1, IV : Ορθῆς σφαιρας συνμεσουρανηματι πανταχοῦ

Ces variations montrent que le modèle avait le mot συνμεσουρανη- en abrégé, d'où les variantes -ουρανησει, -ουρανηματι, -ουρανουσα. Comment faut-il traduire ces expressions : « sphère droite pour la cumination simultanée partout », « sphère droite avec culmination partout », ou « sphère droite culminant partout », ou « de toute manière » ?

La sphère droite (ὀρθὴ σφαῖρα) est la situation qui se présente pour un observateur se trouvant à l'équateur : les pôles sont couchés sur l'horizon et l'équateur est perpendiculaire à l'horizon (fig. 1)

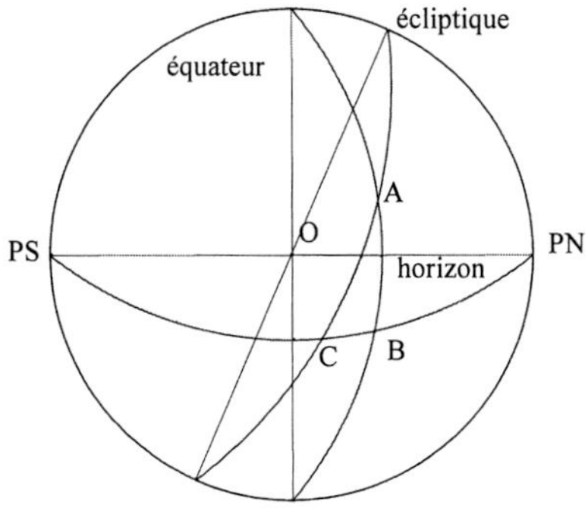

fig. 1.

La table est désignée dans le traité des *Tables Faciles* comme :
Ptolémée, *op. min.*, p. 159, 16-18 :

τάς τε ἐπ'ὀρθῆς τῆς σφαίρας συναναφορὰς τοῦ τε διὰ μέσων τῶν ζῳδίων κύκλου καὶ τοῦ ἰσημερινοῦ παρακειμένων ...
(les tables qui suivent contiennent) les ascensions simultanées de l'écliptique et de l'équateur pour la sphère droite ...

La première partie de notre titre est donc bien conforme à Ptolémée. Mais qu'en est-il de la suite ?

Συνμεσουράνησις (συνμεσουράνημα) signifie « culmination simultanée ». Le terme est employé pour des étoiles qui culminent en même temps qu'un même point du zodiaque (*Alm.* II, p. 188). Lorsqu'il s'agit de désigner le point du zodiaque qui culmine, Théon emploie simplement μεσουράνησις ou μεσουράνημα ou ἡ μεσουρανοῦσα μοῖρα[1]. Dans le contexte, συνμεσουράνησις peut être compris comme la « culmination simultanée de l'équateur et de l'écliptique ».

La figure qui suit représente la sphère céleste pour un horizon quelconque. Le problème est le suivant : connaissant l'arc d'équateur AB, il s'agit de trouver dans la table le degré de l'écliptique qui culmine, à savoir l'arc AC.

[1] Théon, *PC*, p. 221.

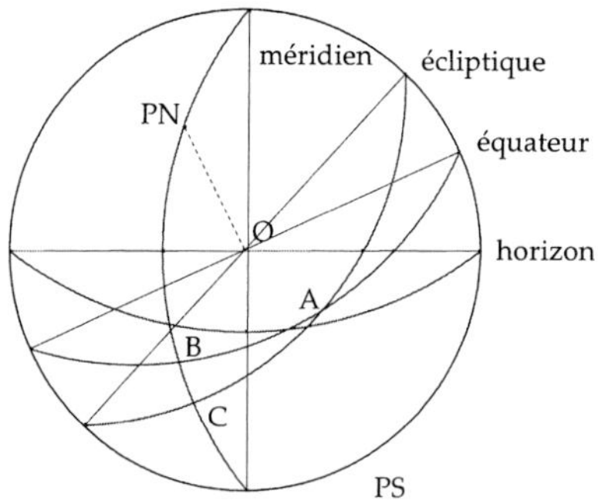

fig. 2

Pour cela on utilisera les ascensions de la sphère droite. On voit par les figures que l'horizon de la sphère droite, qui passe par les pôles (fig. 1), a la même position que le méridien (fig. 2), et que les triangles ABC sont équivalents[2].

Les textes insistent sur cette équivalence :

Ptolémée, *Alm.* I, p. 82 :

> οὕτω γὰρ ἕξομεν ἐν ὁπόσοις χρόνοις ἰσημερινοῖς τὰ τοῦ διὰ μέσων τῶν ζῳδίων τμήματα διελεύσεται <u>τόν τε μεσημβρινὸν πανταχῇ</u> καὶ τὸν ἐπ'ὀρθῆς τῆς σφαίρας ὁρίζοντα διὰ τὸ καὶ αὐτὸν τότε μόνον διὰ τῶν πόλων γράφεσθαι τοῦ ἰσημερινοῦ.
>
> *Ainsi en effet, nous aurons en combien de temps équatoriaux les sections du zodiaque franchissent le méridien de toute manière et l'horizon de la sphère droite parce que celui-ci seul est inscrit par les pôles de l'équateur.*

Théon, *GC* I, p. 97 :

> περιέχον τὸν ἐπ'ὀρθῆς τῆς σφαίρας ὁρίζοντα διὰ τῶν πόλων ὄντα τῆς σφαίρας διὰ τὸ ἰσοδυναμεῖν <u>τῷ πανταχῇ μεσημβρινῷ</u> ...
>
> *(table) ... qui comprend l'horizon de la sphère droite qui passe par les pôles de la sphère parce que (l'horizon) est équivalent au méridien partout.*

Théon, *CA*, ROME II, p. 586, ll 7-11 :

> ἑξῆς περὶ τῶν ἐπ'ὀρθῆς τῆς σφαίρας ἀναφορῶν τοῦ τε ἰσημερινοῦ καὶ τοῦ ζῳδιακοῦ κύκλου τὸν λόγον ποιεῖται, καθ' ἣν θέσιν οἱ πόλοι τῆς σφαίρας ἐπὶ τοῦ ὁρίζοντος τυγχάνουσιν· διὸ καὶ ἰσοδυναμεῖν αὐτὸν ἐρεῖ τοῖς καθ' ἑκάστην οἴκησιν μεσημβρινοῖς,

---

[2] L'angle CAB formé par l'écliptique et l'équateur vaut 23; 51° selon Ptolémée et l'angle ABC est droit dans le deux cas.

ἐπεὶ καὶ ὁ τοιοῦτος ὁρίζων διὰ τῶν πόλων ἐστὶν τῆς σφαίρας καθάπερ οἱ μεσημβρινοί.

Et ensuite il fait l'exposé des ascensions de l'équateur et de l'écliptique pour la sphère droite, position selon laquelle les pôles de la sphère se trouvent sur l'horizon; c'est pourquoi il dira que celui-ci est équivalent aux méridiens de chaque habitation, puisqu'un tel horizon passe par les pôles de la sphère comme les méridiens.

Il est donc normal que le titre de la table associe la « sphère droite » et la «culmination universelle». Cependant, chez Ptolémée et Théon, le mot πανταχῆ (« de toute manière », « de manière universelle ») est toujours associé à μεσημβρινός, le « méridien ». Les symboles utilisés dans les manuscrits pour les termes μεσημβρινός, μεσουρανοῦν, ἰσημερινός sont fort semblables[3] et pourraient avoir été confondus. On peut donc se demander si le titre original ne devait pas être :

ὀρθὴ σφαῖρα σὺν <τῷ> μεσημβρινῷ πανταχῆ

Sphère droite, avec le méridien universel

ou une expression semblable.

Toutefois, le terme συνμεσουράνησις ou συνμεσουράνημα pourrait être maintenu, mais il faut alors expliquer le datif. En effet on attendrait plutôt :

ὀρθὴ σφαῖρα <καὶ> συνμεσουράνημα (-νησις) πανταχῆ

Sphère droite et culmination universelle

voire une simple juxtaposition des deux termes :

ὀρθὴ σφαῖρα, συνμεσουράνημα (-νησις) πανταχῆ

Le datif qui apparaît dans les manuscrits pourrait résulter d'une erreur : on aurait compris σὺν comme une préposition (« avec ») régissant le datif, ce qui aurait amené le copiste à écrire la syllabe finale -TI, d'autant plus aisément que celle-ci pouvait se confondre, dans l'écriture onciale, avec la première lettre du mot qui suit, Π- :

CΥΝΜΕCΟΥΡΑΝΗΜΑΤΙΠΑΝΤΑΧΕΙ (H)

C'est pourquoi on peut proposer le titre :

ὀρθὴ σφαῖρα, συνμεσουραμήμα[τι] πανταχῆ

Des manuscrits plus tardifs ont corrigé le titre, par exemple :

[3] Soit, dans l'ordre, ἰσημερινός, μεσουρανοῦν, μεσημβρινός

Laurentianus 28/48, f. 89 : ὀρθὴ σφαῖρα μεσουράνησις πανταχῆ
Marcianus gr. 325, f. 97 : ὀρθὴ σφαῖρα μεσουράνησις πανταχῆ
in mg sup : ὁ κανὼν οὗτος περιέχει τὸν τῆς ὀρθῆς σφαίρας ὁρίζοντα διὰ τῶν πόλων ὄντα τῆς σφαίρας· ἰσοδυναμοῖ δὲ τῷ πανταχῆ μεσημβρινῷ ...
Ambrosianus H 57sup : κανὼν ἀναφορῶν ὀρθῆς σφαίρας· μεσου(ρά)νησις πανταχῆ.

INDEX DES NOMS DE PERSONNES

INDEX DES MANUSCRITS

Papyri

TABLE DES MATIÈRES

PRINTED ON PERMANENT PAPER • IMPRIME SUR PAPIER PERMANENT • GEDRUKT OP DUURZAAM PAPIER - ISO 9706

N.V. PEETERS S.A., WAROTSTRAAT 50, B-3020 HERENT